非營利事業管理

Management for Nonprofit Organizations

林華德　博士
張光文　博士

東華書局

國家圖書館出版品預行編目資料

非營利事業管理 = Management for nonprofit organizations／張光文, 林華德著. - - 初版.
- - 臺北市 ：臺灣東華, 民 98.07
　　面； 　　公分

ISBN 978-957-483-555-3（平裝）

1. 非營利組織　2. 企業管理

494　　　　　　　　　　　　　　　98012054

版權所有・翻印必究

中華民國九十八年七月初版

非營利事業管理

定價　新臺幣參佰伍拾元整
（外埠酌加運費匯費）

著　者	林華德・張光文
發行人	卓　劉　慶　弟
出版者	臺灣東華書局股份有限公司
	臺北市重慶南路一段一四七號三樓
	電話：（02）2311-4027
	傳眞：（02）2311-6615
	郵撥：0 0 0 6 4 8 1 3
	網址：http://www.tunghua.com.tw
印刷廠	隆興彩色印刷有限公司

本書作者簡介

林華德 博士

學歷：台灣大學經濟博士

經歷：台灣大學經濟系教授

　　　國票金融控股公司董事長

張光文 博士

學歷：美國波士頓大學財務經濟企業管理博士

現職：東吳大學企業管理系助理教授

序

　　本書作者二人相識於一九八九年，偶然的師生情緣，間隔近二十年師友淡如水，卻在彼此之間留下傳心的種苗。二〇〇七年秋天再度重逢，互知近況，談金融、論宗教、言歷史，心契引起寫書的動機。本書架構經師友兩人互換意見，醞釀時間長達半年之久，由作者之一張光文執筆，一再研討之後定稿，為這段學術情緣留個歷史回憶。

　　本書說明非營利事業的經營管理中，經營者所須瞭解的原理與原則。內容從五項管理功能面著手，分別是：人事、財務、行銷、資訊、以及作業管理等功能。第二章到第八章的標題，分別是：人事管理（第二章）、會計原理與財務報表（第三章）、財務分析（第四章）、投資與理財（第五章）、行銷管理（第六章）、資訊管理（第七章）以及作業管理（第八章）。

　　以上各章中，除了第二、六、七、八章的內容，屬於專章討論特定管理功能外，財務管理部份拆成三章，分散在第三、四、五章。本書側重於說明財務管理功能的原因，除了作者的學術專長與實務經驗是在這個領域外；更重要的原因，則是非營利事業既然是以「非營利」為目的，則該事業的創辦人、或是董事會的成員，大多具有強烈使命感，而在現代經濟社會中，更需要財力的支撐。因此，財務管理的專業知識，將有助於使命的順利達成。

　　非營利事業管理的現有相關書籍中，非常有趣的現象有兩個。首先，經營者需要熟悉的財務知識，竟然大多書籍都只有簡單介紹、或甚至略而不談！今日非營利事業的經營者，面對環境快速變化及市場競爭加劇的情況中，廣開財源固然重要，取得善心人士的捐款後，如何妥善運用資金？如何將財務管理制度化與透明化？以吸引更多的捐獻，也是台灣所有的非營利事業，在今後的發展重點。

　　現有非營利事業管理書籍的第二個有趣現象，就是書中內容大多為作者

的實務經驗之談。讀者要清楚知道一件事，就是經驗是有前提的。在相同前提下，用相同管理方法或許可行；但是前提變了之後，如果還固執地採用相同的管理方法，則有可能弄巧成拙，甚至讓非營利事業的經營，面臨更大風險！

因此，本書內容避談作者的實務經驗，而是從經營管理的專業知識中，探討「不變」的道理。環境雖然時時在變，但是管理的各項原理與原則，則都一體適用、歷久彌新。

本書適用於大專院校「非營利事業管理」相關課程的教科書之用。因為是以深入淺出的方式撰寫，所以適合非營利事業的經營者與一般社會大眾，做為自修閱讀的書籍。

除此以外，非營利事業的經營，其實遠比營利事業困難，而第二、五、六、七、八章內容，主要介紹經營管理的五大功能，所以本書可為大專院校「企業概論」課程的基本教材。接著，第三、四、五章有關財務管理的內容，則可為「財務分析」課程的補充教材。

最後，會計原理與財務報表（第三章）中，作者用簡單的七筆交易，從無到有的方式編製出完整財務報表，雖然五萬字的文字很簡短，但是也自成一個完整單元。一般社會大眾如果想瞭解會計學的專業知識，卻苦於尋找合適的入門書籍時，第三章內容應可滿足這類人士的需求。

contents

第一章　使命優先的非營利事業 ... 2

第1節　非營利事業的各種類型 ... 6

第2節　非營利事業的未來發展趨勢 ... 7

第3節　使　命 ... 10

第4節　董事會 ... 12

第5節　組織設計 ... 13

第6節　工作團隊 ... 18

第7節　領　導 ... 19

▶▶▶▶習　題 ... 21

第二章　人事管理 ... 22

第1節　人力資源規劃 ... 25

第2節　招募員工與組織縮減 ... 26

第3節　甄選員工 ... 30

第4節　員工的訓練與發展 ... 33

第5節　績效評估與管理 ... 34

第6節　薪資與福利 ... 37

▶▶▶▶習　題 ... 39

第三章　會計原理與財務報表 —— 40

第1節　孑然一身法師的故事 —— 43

第2節　非營利事業的財務報表 —— 44

第3節　財務報表的重要性 —— 49

第4節　會計原則 —— 51

第5節　財務會計概念公報 —— 54

第6節　會計科目 —— 61

第7節　會計基本假設 —— 73

第8節　雙式簿記與借貸法則 —— 79

第9節　會計循環與財務報表 —— 83

　　　　習　題 —— 102

第四章　財務分析 —— 104

第1節　非營利事業財務報表的經濟功能 —— 107

第2節　台灣大學的財務報表 —— 108

第3節　財務報表分析方法 —— 112

第4節　台灣大學的財務比率分析 —— 117

第5節　台灣大學與史丹福大學的財務報表比較 —— 124

第6節　財務規劃的過程 —— 133

第7節　財務計畫 —— 135

　　　　習　題 —— 140

contents

第五章　投資與理財 142

- 第1節　投資的意義 145
- 第2節　風險與報酬 147
- 第3節　證券市場簡介 149
- 第4節　股票與債券的權益 158
- 第5節　股票與債券的評價 163
- 第6節　股票與債券的市場價格 165
- 第7節　投資組合理論 170
- 第8節　共同基金 171
- 第9節　期貨與選擇權 176
- 習　題 185

第六章　行銷管理 186

- 第1節　非營利事業的行銷特色 189
- 第2節　顧客導向 191
- 第3節　策略行銷規劃 193
- 第4節　產品與服務 199
- 第5節　行銷代價 203
- 第6節　行銷通路的管理 205
- 第7節　廣告、促銷與公共關係管理 209
- 習　題 211

第七章　資訊管理 — 212

- 第1節　資訊波衝擊下的事業經營 — 215
- 第2節　資訊科技使用的優點 — 215
- 第3節　工作所需資訊 — 217
- 第4節　資訊系統的功能 — 218
- 第5節　資訊系統的類型 — 220
- 第6節　網路事業的優點 — 223
- 第7節　網際網路與電子商務 — 224
- 習　題 — 227

第八章　作業管理 — 228

- 第1節　作業管理的重要性 — 231
- 第2節　價值鏈管理 — 231
- 第3節　作業規劃 — 235
- 第4節　作業排程 — 237
- 第5節　控制系統的特色 — 240
- 第6節　控管類型 — 242
- 習　題 — 245

題　庫 — 247

第一章

使命優先
的非營利事業

第 1 節　非營利事業的各種類型

第 2 節　非營利事業的未來發展趨勢

第 3 節　使　命

第 4 節　董事會

第 5 節　組織設計

第 6 節　工作團隊

第 7 節　領　導

▶▶▶▶ 習　題

萬丈高樓平地起！再興盛的非營利事業，該事業的創辦人大多由零開始。以台灣著名的例子來說，慈濟基金會的本會在花蓮，該基金會在一九九六年成立三十週年的結果顯現中，台灣除了有台北、台中、屏東、高雄等四個分會，還有桃園支會、以及十二個聯絡處。除此以外，該基金會也在台灣以外的馬來西亞、印尼、日本等十五個國家設立分會。

　　慈濟基金會主要管理六種志業，分別是慈善志業、醫療志業、文化志業、教育志業、國際賑災、以及骨髓捐贈。這些志業中擇要舉例：醫療志業是以位居花蓮的慈濟醫院為主；教育志業則包含慈濟大學、慈濟醫學院以及慈濟護專等三所學校。

　　在一九九六年時，已經做到向全世界數百萬人提供救援服務，並且規模如此龐大的慈濟基金會，如果將時間倒退到三十年前的一九六六年，回到證嚴法師在花蓮成立「佛教克難慈濟功德會」時，則在法師堅持「一不趕經懺、二不趕法會、三不趕化緣」前提下，每位信徒每天捐出當日五角菜錢給功德會，讓法師及信徒手工製作嬰兒鞋、飼料袋來維持生計開始，證嚴法師開創了今天台灣婦孺皆知的慈濟慈善事業。

　　本書的重點，說明類似於慈濟基金會一般的非營利事業，在經營與管理時所應具有的知識。就架構而言共有八章，第二章到第八章是以管理的功能面觀點（functional perspectives of Management）為骨幹，從五大功能（functions）：人事管理（Human Resource Management）、財務管理（Financial Management）、行銷管理（Marketing Management）、資訊管理（Information Management）與作業管理（Production and Operations Management），談論經營者應具有的知識。至於架在這些功

能之上的董事會、管理方法與組織設計，則在第一章說明。

　　本章內容有七節。第一節從台灣的法律角度，定義非營利事業中的各種事業。第二節談論非營利事業的未來發展趨勢。第三節說明使命的重要性與訂定方法。第四節探討在非營利事業中常見的董事會，應如何有效管理。

　　第五節簡介組織設計。本節放在第二章〈人事管理〉之前的理由，在於組織設計的最終決定權，往往不在人事主管，而在於事業創辦人或董事會的決定。第六節介紹工作團隊的優點與特質。最後，第七節探討經營者領導部屬所應遵循的原則。

　　近代管理理論的解說中，教科書內容的順序，大多採用管理程序（management process）觀點。管理程序包含四項週而復始的工作，分別是：規劃（planning）、組織（organizing）、領導（leading）以及控制（controlling）。本書內容著重在透過書中文字，讓非營利事業的經營者，對事業體的各項功能有全面瞭解，所以打散管理程序，而以管理功能做為書中的骨幹。

　　至於管理程序的四項工作說明，本書第一章包含了「組織」與「領導」的核心觀念。關於「規劃」工作，比較實際的做法，就是從經營面探討規劃。因此，本書第二章有人力資源規劃、第四章有財務規劃、第六章有策略行銷規劃、第八章有作業規劃的說明。至於「控制」部份，則集中在本書第八章的作業管理中討論。

第1節 非營利事業的各種類型

非營利事業的歸類中，依據台灣現行法律，包含五大類型，分別是：公法人、公益社團法人、中間社團法人、財團法人以及非法人團體。各類型的定義與舉例，說明如下：

公法人是以公益為目的，而依據公法所設立的組織。公法人包含：中央政府、縣政府、市政府以及水利會。公益社團法人則以社員為基礎，所形成不特定多數人之利益為目的之社團。舉例來說：台灣的農會與工會。至於中間社團法人，也是以社員為基礎，但這種團體的成立目的，既非為了公益、也不是為了營利。舉例來說：位居台灣的湖北同鄉會，就是屬於中間社團法人。

財團法人是為了達到特定與繼續經營之目的時，必須使用財產而成立之法人團體。財團法人依據民法設立，包含：寺廟、教會、消費者文教基金會等其他的基金會。台灣的私立學校，是財團法人中依據事業目的特別法所設立；至於工業技術研究院，則是依特別條例而設立的財團法人。

最後，非法人團體沒有依據民法規定辦理登記，也沒有依其他法規取得法人資格，但也屬於非營利組織的一環。舉例來說：公寓大廈管理委員會及職工福利委員會，都屬於非法人團體。

根據以上說明來看，公益事業是非營利事業的一環，但是非營利事業卻不一定就是公益事業。除此以外，比較有趣的一個特殊現象，是對台灣大學、清華大學等台灣的公立大學來說，當公立大學變成公法人後，就必須獨立承擔責任、職員沒有公家保障、且經營的虧損須由學校自行負擔。因此，台灣的公立大學並不屬於非營利組織的法人團體。

第 2 節 非營利事業的未來發展趨勢

台灣非營利事業從西元二〇〇〇年後，到現在普遍存在的一個現象，就是各事業間之競爭逐漸增加。現在的非營利事業，已經不能再依賴舊有的政府補助、私人與法人捐款的方式而生存，而必須另謀出路。在募款市場產生這樣的現象，主要有兩個原因。

首先是經濟的持續不景氣。台灣在最近十年的經濟情況都不好，原物料價格持續地上漲，這現象對於缺乏自有品牌、並以加工出口導向為主的台灣企業而言，不利於國際之間的市場競爭。尤其是二〇〇七年開始，原油與糧食價格的加速上升，造成物價上漲而產生成本推動的通貨膨脹（cost push inflation）。因此，對於法人與一般社會大眾而言，在實質所得不增反減的情況下，就會擠壓到每年所能捐獻給非營利事業的金錢。

其次，政府財政在最近十年持續惡化，根據行政院主計處所提供的資料，中央政府總負債從二〇〇二年的新台幣四萬四千億元，逐年增加到二〇〇六年的五萬億元。換句話說，政府總負債最近五年大約增加六千億元。

因為財政的持續惡化，所以政府在社會福利及兒童福利基金的支出，根據審計部提供的《中央政府總決算審核報告》，也由二〇〇四年的十三億元，降為二〇〇五年及二〇〇六年的十一億元。除此以外，政府在教育及研究方面的補助，也呈現整體下滑的趨勢。

展望未來，非營利事業在台灣的經營，受到以下七個大趨勢所影響，包含：人口老化、社會多元化、服務業為主的產業、教育體系的危機、女性就業比例提高、資訊科技的突飛猛進、以及財務管理的重要性日益增加。說明如下：

人口老化

台灣的內政部及經建會網站，提供人口統計的最新資料。根據資料顯示，台灣在二〇〇八年的實際總人口數約為兩千三百萬人，經過推估後在二〇二六年達到高峰兩千四百萬人後，開始下滑到二〇五六年的一千九百萬人。根據此項資料，且定義「人口老化程度」為年齡六十五歲以上人數占總人數的百分比時，則人口老化程度在二〇〇六年上升到10%後，推估到二〇二五年為20%、二〇四〇年為30%、二〇五六年為38%。

台灣人口老化的原因之一，是醫療進步，以及全民健康保險制度的實施，造成人民平均壽命的延長。除此以外，則是台灣「少子化」的現象持續嚴重。舉例來說，二〇〇八年內政部《中華民國人口統計月報》資料顯示，婦女平均生產率由一九九七年的每人1.77個小孩，逐漸下滑到二〇〇七年的每人1.10個小孩。

人口老化對非營利事業的衝擊，可能是志工來源增加，但是年長者不見得因為加入非營利事業工作，而願意重新學習新知。

社會多元化

根據台灣內政部網站的資料顯示，包含大陸及港澳在內的外籍配偶人數，由二〇〇三年的三十萬人，逐漸上升到二〇〇八年的四十萬人。同時期之外籍配偶人數占台灣總人數的比重，由二〇〇三年的1.3%、上升到二〇〇八年的1.7%。

雖然外籍配偶占台灣總人數的比重並不高，但是外籍配偶生產的新生兒占台灣新生兒的比重，則由二〇〇三年的13%高峰後，降到二〇〇八年的10%。換句話說，二〇〇八年每十位新生兒中，就有一位的父母為外籍配偶。除了俗稱「新台灣之子」的外籍配偶子女外，台灣的外籍勞工開放政策

第一章　使命優先的非營利事業

與承認大陸學籍,都會增加台灣本島的社會多元化組成。社會逐漸邁向多元化的過程中,表示非營利事業的正式員工與志工來源,也必須隨著時代潮流而做必要的調整。

☙服務業為主的產業☙

台灣的**國內生產毛額**(Gross Domestic Product, GDP)以實值金額計算時,根據內政部的資料,服務業產值占國內生產毛額的比重,在二〇〇一年到二〇〇七年間,大約介於 67% 到 71% 之間。此數值代表台灣的產業中,是以服務業為主。

因為服務業人口比重的居高不下,而非營利事業的社會形象良好,所以能夠吸引到許多專業人士,在工作閒暇時或退休後到非營利事業擔任志工。另方面來說,非營利事業彼此的競爭,也因專業人士的協助而更為激烈。因此,只有注重營運管理的非營利事業,才能提高在本世紀持續生存的可能性。

☙教育體系的危機☙

台灣的大專院校,在二〇〇八學年度的分發錄取率為 98%,代表六十九校一千五百九十八系組招生中,已經是供給超過需求。此現象造成大專院校畢業生的平均素質下降;而廣設大學的結果,也排擠掉過去就讀高級職業學校、五年制專科學校的學生人數。

展望未來,台灣社會要正常運作所不可或缺的人員,例如:護士、幼教老師、車輛修護人員、水電工、水泥匠,可能供給不足。除此以外,非營利事業經營時所需的資料輸入、文書處理等第一線服務的員工,也可能招募到能力與實際工作要求並不相符的大專院校畢業生。

女性就業比例提高

台灣最近十年職場中的女性比例持續增加，高學歷的女性除了擁有高職位與高薪外，也有晚婚或是不結婚的趨勢。展望未來，非營利事業應提供志工服務的機會，使得女性專業人士也能在工作閒暇時或是退休後運用專長，幫助社會上的弱勢族群，增加對社會的歸屬感外，人生的意義也因此而更為提高。

資訊科技的突飛猛進

現代非營利事業的經營，除了受到一九七〇年代開始的資訊波衝擊外，一九九〇年代的網際網路興起，更增加了彼此間之競爭。非營利事業在經營時，必須懂得善用資訊科技，以提升對顧客的服務品質；而為了提高服務水準，除了正式員工應持續進修外，也需依賴專業人士的協助。

財務管理的重要性日益增加

因為政府的財政持續惡化，再加上社會大眾捐款意願滑落，非營利事業在本世紀的經營，必須特別注意財務管理。首先，勸募資金的方法必須改善。接著，資金的管理效率要提高。最後，也最重要的一點，就是資金管理必須透明化，以對捐款人的善心有所回應，並因此而募集更多的善款。

第3節　使　命

非營利事業的產生，是為了讓社會變得更為美好。**使命**（mission）的設定，就提供了一個大方向，讓該事業的所有員工，知道自己是在從事什麼樣

的工作，也能因此而凝聚員工之間的向心力。非營利事業的經營者，透過使命的文字內容，訂定該事業的長期、中期、短期目標，然後評估員工的工作績效。除此以外，當非營利事業決定招募志工，或是向外界募集善款時，明確而又可行的使命說明，比較能夠得到社會大眾的認同，然後取得他們的幫助。

關於使命的文字說明，舉例來說：台灣大學的校訓：「敦品、勵學、愛國、愛人」，就是該校使命。除此以外，**美國女童軍協會**（Girl Scouts of the USA）在一九一二年成立，且該協會的使命在經過了「八次」修正後，現在的使命是：「幫助女孩子成為勇敢、自信與具有優良品格的人，並讓世界變得更為美好（Girl Scouting builds girls of courage, confidence and character, who make the world a better place.）」。

使命文字內容的決定權，大多是在非營利事業的創辦人，或是該事業的董事會。**杜拉克**（P. Drucker）認為使命宣言必須反映三項要素，分別是：機會、能力以及投入感。進一步地來說，非營利事業在訂定使命的時候，必須先確認該事業本身所具有的**優勢**（strength）與**劣勢**（weakness），再參考外在大環境的**機會**（opportunity）與**威脅**（threat）後，透過使命的文字說明，明確地表達出具體可行的目標，然後讓員工專心地投入工作。

舉例來說，杜拉克最欣賞的使命說明，就是美國**西爾斯**（Sears）百貨公司的使命：「我們要成為消息靈通而負責任的採購者，首先服務美國農民，然後遍及美國的所有家庭」。就是因為這個使命宣言的「重新界定」，使得該公司在上世紀初的瀕臨破產情況中，找到未來努力的方向，而在不到十年間，起死回生。

從上述的使命說明中，我們瞭解到兩件事。首先，非營利事業在創辦的時候，會訂定使命，並透過使命表達未來發展的大方向，但是使命的本身，卻不應該是永遠不變的文字。當非營利事業的內在條件改變，或是外在環境

變動時，則使命就有修正的必要。

接著，使命的說明文字，不見得越少越好。簡短的使命文字，固然比較簡潔有力，但是如果沒辦法表達該事業真正努力想做，而且可做的大方向時，與其喊出漂亮的口號，不如多用些文字說明，讓事業體的員工透過使命的宣示，而明確知道是為了什麼原因而努力工作。

第4節　董事會

台灣上市（櫃）等營利事業的董事會成員，一般由大股東所組成。投資人購買特定公司的普通股股票後，當他在股東大會競選公司董事時，只要該投資人握有的股權數多過特定人數，這股權不論是他自己握有、或是公司經營階層與其他股東支持，就可當選為該公司的董事。然後董事們開會決定董事長人選後，董事會就接受所有股東的委託，經營一家公司。

相對地來說，非營利事業就沒有股權競爭的問題存在。非營利事業的董事會成員，大多由志同道合的社會賢達所擔任。董事們或許是個人的專業或聲望，得到會員們的支持而當選；也或許與事業的創辦人關係良好，所以願意擔任董事，從旁協助創辦人。

對非營利事業來說，優良的董事會必須具有以下三項特質。首先，董事們必須瞭解與支持該事業的使命。董事們依據使命制訂政策，並且選擇合適的執行長人選，由執行長負責政策的執行。然後，董事們定期開會，評估執行長的經營績效。

執行長的頭銜，因為非營利事業的類型不同而異。舉例來說，大專院校的執行長就是校長，醫院的執行長就是院長，有些機構則用總幹事的職稱，或是沿用執行長的頭銜。

接著,資金募集越來越競爭的環境中,董事會的成員也應該以身作則,帶頭向外為非營利事業募集善款。

最後,董事會的改組應該要列入組織章程。董事會的成員們隨著時間與環境之改變,而做必要的調整與更換,以維持非營利事業在社會的調適能力與競爭力。

第5節 組織設計

非營利事業確立了使命與未來發展策略後,創辦人或高階經營者就需透過**組織設計**(organization design)的方法,決定該事業為了服務顧客且達成使命時,所必須完成的各項工作、工作的歸類、職位的區分以及員工的行為準則規範。

組織設計主要透過三個基本構面,分析組織結構的設計,以有效達成使命。基本構面包含:工作專業化、集權與分權以及部門化。分述如下:

工作專業化

非營利事業的經營者,確立了各項工作內容後,基於**工作專業化**(work specialization)的組織設計,將工作分解成許多步驟,然後每位員工只負責其中一個或數個步驟。透過工作專業化的分析,非營利事業使得擁有各種專業技術的員工,都能在工作時發揮專長。舉例來說:秘書專門負責電腦打字,而擅長於財務管理的員工,則負責投資與理財的工作。

工作專業化透過專業分工的方式,使員工專精於特定工作,然後提高非營利事業的整體生產力。但是過度的分工,容易產生**人性不經濟**(human diseconomies)的現象,員工因為無法從事於整件工作,不知道自己分內工作

的價值，再加上重複的工作內容，所以容易產生無聊，服務品質差，或是員工流動率提高等不良情況。因此，工作專業化以提升組織生產力的同時，透過工作範圍擴大化以擴充員工的工作內容；或是形成工作團隊以增加員工的歸屬感，都是改善人性不經濟缺點的可行做法。

集權與分權

集權與分權的考慮重點，在於決策權是否應由高階經營者手中，下放到非營利事業的各個工作層級。**集權**（centralization）是指權力大多集中於高階經營者。面對組織規模日益龐大，市場競爭提高，或環境變動日益加速的情況時，透過**分權**（decentralization）的組織設計，將高階主管的部份權力轉移到下屬，則非營利事業對環境的調適能力較佳，也可提高該事業的市場競爭力。

分權代表經營者的**控制幅度**（span of control）也要隨之調整。控制幅度是指同時兼顧**效率**（efficiency）與**效能**（effectiveness）的前提下，一位管理者能夠管理的部屬人數。控制幅度的大小，受到許多情境因素的影響，一般來說：非營利事業的使命清晰明確、組織價值系統越強、制度設計優良，以及資訊系統的複雜程度高時，則控制幅度可以比較高。除此以外，管理者偏好授權，部屬的工作經驗越豐富，員工的工作單純且相似性高時，也會使得管理者的控制幅度擴大。

除了控制幅度外，分權時也必須注意到權力與責任的平衡。**職權**（authority）為職位本身所具有的權力，管理者透過職權而發號命令，並且預期部屬會依命令而工作。**職責**（responsibility）則是該職位需擔負的**責任**（duty）與**義務**（obligation）。員工因為分權的組織設計而增加職位權力時，則相對應的一件事，就是該員工所應承擔的責任，也因此而有同比例的提高。

部門化

工作專業化並將工作分類後，就產生了**部門化**（departmentalization）的需求。非營利事業的高階主管，透過部門化的方式，區分員工的工作與找尋學有專長的員工。除此以外，員工也能在各部門培養工作專業，發展個人的**職業生涯規劃**（career planning）。

對非營利事業來說，常見的部門化方式有三種，分別是：功能部門化、產品與服務部門化以及地理部門化。以下採用台灣的佛教事業團體為例，並假設該事業的功能面只有人事、財務與行銷，簡要說明。

功能部門化

功能部門化（functional departmentalization）是最常見的部門化方式。舉例來說：佛教事業團體將員工依據人事、財務、行銷等三項功能加以分類，並在各部門工作時，就是功能部門化的應用，表達在圖1.1。

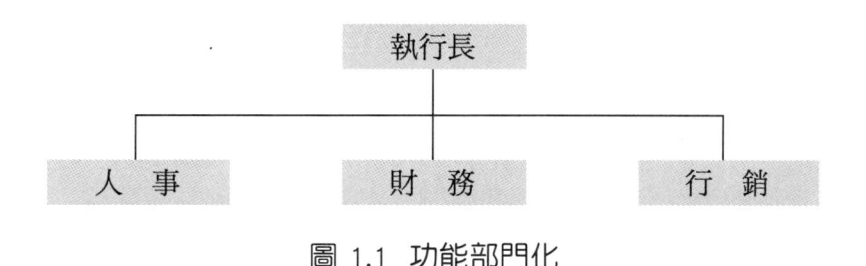

```
                    執行長
         ┌────────────┼────────────┐
        人事          財務          行銷
```

圖 1.1　功能部門化

產品與服務部門化

產品與服務部門化（products and services departmentalization），則是依據非營利事業所提供的產品與服務，區分各部門，以對目標顧客提供妥善服務。舉例來說：佛教事業團體將事業體的員工，依據該事業所屬的寺廟、大學、醫院而加以分類時，就是產品與服務的部門化組織設計，表達在圖1.2。

除此以外，大學日間部招收高中畢業生的同時，推廣部提供社會大眾進修的課程，也是屬於產品與服務部門化的應用。

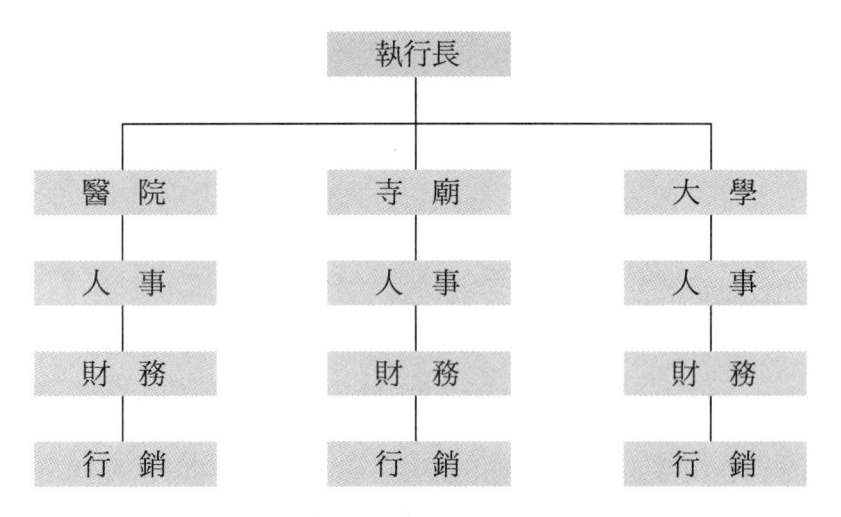

圖 1.2　產品與服務部門化

地理部門化

非營利事業組織規模龐大，或面對的顧客會因地理位置不同，而有不同需求時，就可透過**地理部門化**（geographic departmentalization）方式，將該事業的經營活動予以分組。我們套用圖 1.2 的圖形，則該圖醫院、寺廟與大學，改成台灣北部、中部與南部，或是台灣、中國大陸與美國時，就是地理部門化的組織設計。

矩陣式結構

前述組織設計的三種方式中，功能部門化強調專業分工，卻不適用於大型而複雜的組織。理由是這種組織設計比較沒有彈性，不能針對環境變動，提供顧客及時的服務。除此以外，也沒有**利潤中心**（profits center）的觀念。

至於產品與服務部門化,或是地理位置部門化的組織設計,則可落實利潤中心的想法。透過自負盈虧方式,對各部門設立績效評估的標準。缺點則在於這兩種部門化的方法,從功能面來說,會造成人事、財務、行銷等聘僱人員的重複與浪費。

矩陣式結構(matrix structure)的組織設計,就能在兼具功能專業化的同時,具有彈性與利潤中心評估的優點。舉例來說:佛教事業團體針對天災設立「專案甲」,透過專案經理人,統籌管理該事業的人事、財務、行銷等功能面所派出協助的員工。災難救助結束後,各專案人員回到原來的功能部門繼續工作。

非營利事業的高階主管,在現有功能部門化的組織架構下,透過專案設立與專案經理人指派,專案本身就代表彈性,可依據當時需求而自行設立。高階主管能針對每項專案的實施成果,進行員工的績效評估。除此以外,各功能員工的工作內容,因專案而有所豐富,員工的工作滿意度提高,這些都屬於矩陣式結構的優點。

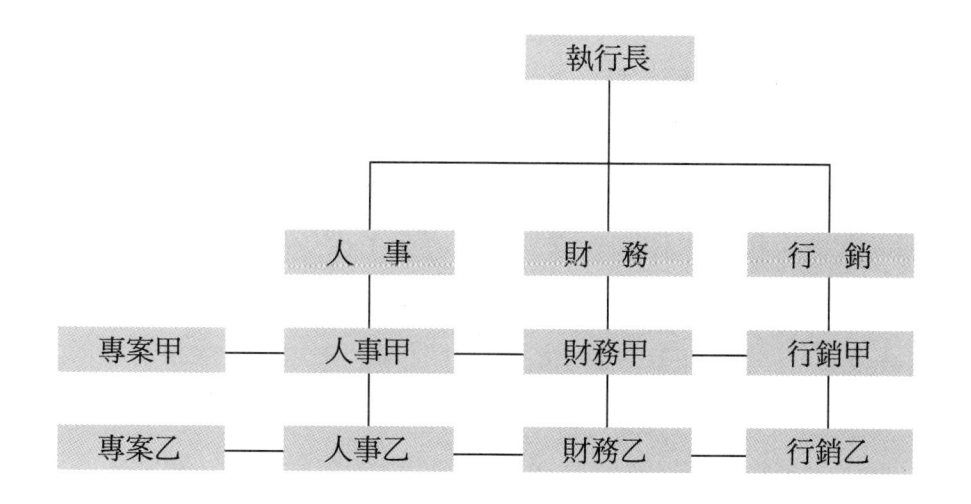

圖 1.3 矩陣式結構

矩陣式結構的最大缺點，就是違反了指揮鍊的原則。**指揮鍊**（chain of command）是指一位員工應該只為一位直屬上司負責。舉例來說：圖 1.3 的財務甲，她的上司就有原來部門的財務主管、加上專案甲主管兩個人，這就好比多頭馬車，如果財務甲的兩個上司命令有所衝突時，她應該以何位主管為主？所以矩陣式結構可能造成員工的無所適從，高階經營者應透過適當的領導與溝通，消除這種結構所產生的缺點。

第 6 節　工作團隊

前述部門化的四種類型，屬於組織結構的硬體設計；相對來說，**工作團隊**（work team）的形成，則是從加強人與人之合作的「軟性」角度著手，使得非營利事業的營運，能夠更為順暢。舉例來說：功能部門化的結構中，執行長與人事、財務、行銷等部門的主管，共同形成一個工作團隊；各部門內的員工，也可組成團隊。除此以外，矩陣式結構中，專案經理人與部屬形成工作團隊後，有利於業務的推展。

工作團隊的成員，不是只站在個人的利益考量，而是願意與他人共同努力，追求團隊的整體績效。因此，工作團隊的優點為：增加員工的向心力與歸屬感，提高工作滿意度，以及增加工作效率及組織績效。除此以外，工作團隊也能在短時間內**形成**（forming）、**運作**（performing）與**解散**（adjourning），所以面對快速變動與競爭加劇的環境時，能更有彈性與適應性。

一個好的工作團隊，必須要有清楚而明確的工作目標。高階經營者指派合適的員工擔任團隊領導者外，也需提供充足的資源給團隊。除此以外，團隊成員不僅要有足夠的專業知識與技能，且成員間需要溝通良好與彼此信任。

團隊領導者針對成員的知識、技能與人格特質，安排其在團隊中扮演適當角色。這些角色包含：創新者、支持者、傾聽者、評估者、組織者、實行者、控制者、維持者與協調者。團隊領導者指派成員擔任各種角色時，除了一人扮演一種角色外，有時一人扮演多種角色，或是多人同時扮演一種角色。團隊成員的九種角色，說明如下：

創新者（innovator）為具有想像力，且能提供創意的成員。**支持者**（promoter）尋找資源來推廣創意。**傾聽者**（listener）則在決策形成前，取得所有成員的相關資訊。**協調者**（linkers）的責任，在於瞭解成員的觀點後，加以協調與整合。**評估者**（assessor）則針對各種替代方案進行評估。

組織者（organizer）設定工作目標、與安排成員的工作內容。**實行者**（producer）負責執行工作。**控制者**（controller）確定工作的進度與品質。最後，**維持者**（maintainer）的工作，則在於維持團隊的穩定。

第7節　領　導

領導的基礎是**信任**（trust）。無法取得部屬信任的領導者，部屬不會心悅誠服地接受命令，也不願意認真工作。領導者從五個建立信任的**構面**（dimensions）努力，透過長時間相處後，取得部屬信任。這些構面包含：正直、忠誠、不藏私、一致性與具有勝任工作的能力。說明如下：

正直（integrity）是領導者得到部屬信任的最重要原因，正直代表誠實（honesty）而有**良心**（conscientiousness）。**忠誠**（loyalty）在此專指領導者保護部屬的意願。**不藏私**（openness）則是領導者願意開誠布公，與部屬分享自己想法及所獲得的資訊。

當領導者長時間言行一致時，就具備**一致性**（consistency）。最後，領

導者的知識與工作經驗豐富，再加上良好的人際處理能力，使得他（她）能做好工作時，就具有勝任工作的**能力**（competence）。

　　領導者除了需要取得員工的信任外，因為絕大部份的非營利事業，在經營時都以使命為優先，所以領導者必須瞭解與認同該事業的使命。接著，領導者要有足夠能力用簡單而又具體的話，將使命對部屬說明。最後，為了以身作則與做到言行一致，在決定組織發展策略，以及設定長期、中期、短期目標時，都要以達成使命，做為最優先的考量。

習 題

1.1 管理的五大功能為何？請說明。

1.2 管理程序包含四項週而復始的工作，請說明。

1.3 非營利事業的歸類中，台灣的現行法律包含五大類型，請說明。

1.4 何謂公法人？請說明後再舉兩例。

1.5 何謂公益社團人？請說明後再舉兩例。

1.6 何謂財團法人？請說明後再舉兩例。

1.7 非營利事業在本世紀的台灣，受到七個發展的大趨勢所影響，請說明這些趨勢。

1.8 非營利事業需有使命的三項原因，請說明。

1.9 杜拉克認為使命必須反映三項要素，請說明。

1.10 對非營利事業來說，優良董事會具有三項特質，請說明。

1.11 請說明組織設計的三個基本構面。

1.12 控制幅度的大小，受到七項情境因素影響，請說明。

1.13 對非營利事業來說，常見的部門化方式有三種，請說明。

1.14 對非營利事業來說，功能部門化的優點與缺點為何？請說明。

1.15 對非營利事業來說，產品或服務部門化以及地理位置部門化的優點與缺點為何？請說明。

1.16 何謂矩陣式結構？請說明後並探討此組織設計的優點與缺點。

1.17 工作團隊的優點有四項，請說明。

1.18 工作團隊成員的九項角色為何？請說明。

1.19 領導的基礎為何？請說明。

1.20 請說明領導者建立信任的五個構面。

第二章

人事管理

第 1 節　人力資源規劃

第 2 節　招募員工與組織縮減

第 3 節　甄選員工

第 4 節　員工的訓練與發展

第 5 節　績效評估與管理

第 6 節　薪資與福利

⬇⬇⬇⬇習　題

人事管理（Human Resource Management, HRM）探討的重點，在於能影響員工之工作態度與行為的政策，系統架構與實行方法。大型非營利事業都有正式的人事部門；相對地來說，小型非營利事業的經營者，就常在沒有人事部門員工的協助下，自行從事人事管理的工作。

對人事主管而言，首先應該熟悉勞工雇用的相關法令，避免違反法律，影響到該事業的社會清譽。舉例來說：對於適用於台灣《勞動基準法》之部份或所有員工，經營者應依法針對員工招募、考績升遷、工資水準、津貼獎金、福利措施、安全衛生、資遣與解雇等方面，訂定員工聘用的規則。除此以外，最近幾年在台灣通過的《兩性工作平等法》、《大量解雇勞工保護法》等雇用相關法令，人事主管也應要與時俱進的加以瞭解。

除了人事管理的法律面外，以下章節就人事管理的實務面，探討人事部門在招募、訓練、激勵員工，以及為非營利事業留住優秀人才方面，所需進行的六種例行工作。

本章第一節說明人力資源規劃的過程。第二節探討招募員工及組織縮減的方法。第三節說明如何甄選到稱職的員工。第四節介紹員工的訓練與發展。第五節是以績效評估與管理為探討重點。最後，第六節說明員工的薪資與福利。

第1節 人力資源規劃

人力資源規劃（human resource planning）是一種動態且週而復始的程序。人事主管透過這種程序，找尋到適才與適量的員工，並適時地安排在適當的職位上工作。人力資源規劃的步驟有三項，包含：工作分析、人力資源盤點與未來人力資源的需求預測。分述如下：

工作分析

工作分析（job analysis）為人事主管分析組織內的工作流程後，針對完成各項工作所需的知識、技術與相關能力，所做的各項評估。工作分析後的報告為**工作說明書**（job description）。工作說明書包含了每份工作的任務內容、應盡義務與**應有責任**（tasks, duties, and responsibilities, TDRs）。

工作說明書的內容中，首先要指出特定工作的頭銜，及該頭銜有關的行政資訊。例如：私立東吳大學的出納組組長，隸屬於該校的總務處。

其次，簡要說明工作的目標與職務後，應詳細說明工作的**核心責任**（essential duties of the job）。最後，透過**工作規範書**（job specification）的撰寫，說明工作為了順利執行所需要的員工知識、技術、能力與相關的人格特質。

工作分析為人事管理工作的基礎。人事主管透過工作說明書，可思考工作的**重新設計**（job redesign），或是運用在人員甄選、教育訓練、績效評估以及**工作評價**（job evaluation）等工作。

人力資源盤點

人力資源盤點（human resource inventory）時，員工針對問卷填寫個人姓名、學歷、經歷、語言能力及工作相關的其他技能。人事主管將盤點後的情

況，登錄在電腦系統後，並與工作說明書比較，決定是否需要調整員工的工作內容？或是檢討員工是否適任他們現在的工作？

未來人力資源的需求預測

非營利事業的未來人力需求，取決於兩項因素。首先，行銷主管預估目標顧客對該事業提供之產品與服務，在現在及未來之市場需求。其次，人事主管針對該事業的發展策略，制訂出滿足未來人力資源需求的行動方案。

舉例來說：行銷主管認為顧客對該事業的服務需求，呈現緩慢地逐年成長，且董事會決定擴充事業規模，以滿足顧客需求時，則人事主管就要預估各部門在擴充時，所需要的人員數量、相關職位與需求時點。

第2節 招募員工與組織縮減

人事主管預估各部門的未來人力需求後，就依工作說明書及工作規範書，進行**招募員工**（recruiting）或**組織縮減**（downsizing）的工作。

當組織在未來有工作空缺時，就有招募員工的需求。招募是指非營利事業吸引、尋找，並確認求職者的過程。過程中常見的應徵者來源有六種，依招募成本由低到高排序，分別是：內部招募、內部員工介紹、學校的就業輔導機構、公共就業服務機構、廣告及私人就業服務機構。說明如下：

內部招募

內部招募指管理職位有空缺時，透過內部升遷方式，從現有員工找尋合適的接任人選。內部招募的優點有三項，分別是：成本低廉，就任者調適新工作所需時間較短，以及提升現有員工士氣。

至於內部招募的缺點,則在於可供選擇的員工人數有限,以及員工的多樣性不足。非營利事業面對的競爭環境,時時在改變。透過內部升遷的方式,或許可暫時解決「人和」的問題;但是從策略經營的方向來看,職位越高的經營者,越需要跳脫現有經營的本位角度,轉而站在宏觀的立場,思考事業的未來走向。因此,員工的多樣性不足時,新任的高階經營者,延續舊有的方式運作,如果這種經營無法面對新的競爭環境時,就會造成事業的市場競爭力下降。

內部員工介紹

內部員工當**介紹人**(referral),引進外部人員到非營利事業工作的優點,在於內部員工基於對職缺工作的瞭解,會事先過濾掉不合適的求職者。除此以外,介紹人也相當於拿自己的工作當「抵押」,因為被介紹人的工作表現不佳時,也會影響到高階經營者對介紹人的觀感。

內部員工介紹的缺點,在於無法增加員工的多樣性。舉例來說:台灣大專院校的某些系所,該系老師熱心推薦學弟妹來應徵同系的教職。久而久之,當我們觀看師資陣容時,就不難發現這個系所的師資來源,大都集中在相同的一、兩間大學。

學校的就業輔導機構

學校就業輔導機構能夠在特定時間,提供素質接近的眾多求職者。缺點在於這些求職者大多在剛取得學位,他們缺乏工作經驗,且只適合應徵低階職位的工作。

公共就業服務機構

台灣的公共就業服務機構(public employment agency),例如:青年輔

導委員會（俗稱：青輔會），及隸屬於各縣市政府的職業訓練就業中心。這些機構除了提供訓練課程給社會大眾外，也大多以免費的方式，介紹求職者給非營利事業團體。缺點則是透過公共就業服務機構介紹而來的求職者，通常工作技能比較低，也比較適合低階職位的工作。

廣 告

廣告是指透過網路的**電子化招募**（e-recruiting），報紙與雜誌的分類廣告，以及電視媒體運用，散布招募員工的訊息。廣告優點在於訊息散布比較廣，也可鎖定在特定群體。例如：住在台灣的台北縣，正在找工作，且有興趣閱讀報紙分類廣告的求職者。

除此以外，電子化招募除了在事業本身的網頁公布徵才訊息外，在台灣也可透過求職網站，例如：104 人力銀行，或是 1111 人力銀行，刊登招募員工的訊息。

至於廣告招募員工的缺點，則在於應徵人數比較多。其中有許多不合格的求職者，篩選時造成招募的成本提高。

私人就業服務機構

私人就業服務機構（private employment agency）能夠提供各式各樣的人選給非營利事業，尤其是高階主管的應徵人選。透過專業化的經驗培養，私人就業服務機構能詳細的篩選後，介紹合適人選。缺點則在於私人就業仲介機構，收取的服務費用也很高。

非營利事業除了採用上述招募方法以增加規模外，如果人力資源規劃的結果，顯示所有部門、或某些部門有人力過剩時，則人事主管就必須減少組織內的正式員工人數。

一般來說，減少正式員工人數後，可能造成留下來的員工之工作加重；

另方面,非營利事業也可聘用臨時員工,**工作外包**(outsourcing),甚至透過志工幫忙,以減少組織開支。

常見的組織縮減方案有六種,依過程中對組織產生之衝突,由低到高排序,包含:凍結、提早退休、減少工時、調職、資遣與解雇。說明如下:

凍 結

凍結就是俗稱的「遇缺不補」。員工因為自願性離職,或是退休而離開工作崗位後,空出來的職位就不再找人填補。這種方式對現有員工產生的衝擊比較小,缺點則在於組織縮減的速度比較慢。

提早退休

台灣在最近幾年的金融改革過程中,許多金融機構在**合併與購買**(Merge and Acquisition, M&A)前後,透過給予優惠退休金的提早退休方案,鼓勵員工在正常退休日期之前,辦理退休。

提早退休除了適用於營利事業外,非營利事業也可以採用。雖然此方法將造成事業體在短期內急速瘦身,不過所需花費的成本也有可能非常地高。

減少工時

減少工時的方法,就是使現有員工的工作時數下降,當然薪資也常因此而往下調降。

調 職

調職為透過平行或往下移動的方式,轉換員工的工作。這種方式牽涉到員工調適新工作的問題。尤其是沒有犯錯而被降職時,對員工造成的內心衝擊很大。

資　遣

非營利事業支付資遣費，使員工非志願的暫時離開職位，稱為資遣。當經營情況明顯改善後，經營者會考慮重新聘用被資遣的員工。

解　雇

解雇為員工非志願，且永久的離開工作職位。為了避免員工解雇後採取法律途徑控告雇主，解雇員工必須要有非常正當的理由。例如：員工在工作崗位上虧空公款。

第3節　甄選員工

經營者透過招募過程而得到求職者資料後，就根據工作說明書與工作規範書內容，進行甄選的五項程序。這些程序包含：過濾求職者的基本資料，雇用測驗，面談，背景資料確認，以及決定適合的員工人選。說明如下：

過濾求職者的基本資料

求職者提供的基本資料有三項，包含：**求職申請書**（application form）、**履歷表**（resume）及**自傳**（autobiography）。非營利事業常提供制式化的求職申請書，要求應徵者填寫。舉例來說：求職者填寫姓名、住址與聯絡方式外，還包含學歷與經歷的簡要說明。

標準化資料的優點，除了方便電腦建檔，也可進行初步比較。缺點則在於資訊的內容有限。對於求職者非常有利的資訊，常無法經由求職申請書表達，而必須透過履歷表與自傳，才能補充說明。

履歷表與自傳屬於求職者自行準備，為非制式化的文件。這種文件的缺點，在於大多強調求職者的優點，不夠公正客觀。

雇用測驗

常見的雇用測驗有兩種，分別是：書面測驗與績效模擬測驗。書面測驗又可再細分為兩種類型，包含：**成就測驗**（achievement test）及**性向測驗**（aptitude test）。成就測驗衡量求職者的現有知識與能力；相對地來說，性向測驗衡量求職者在未來學習特定技能的能力。

績效模擬測驗（performance simulation test）為觀察求職者在真實工作上的表現，以衡量是否適任工作。對於應徵非主管職位的求職者，可透過**工作抽樣**（work sampling），予以測試。舉例來說：人事主管透過電腦打字的正確性，以及速度快慢，決定應徵秘書職位的適任人選。

相對地來說，非營利事業在甄選高階主管的過程中，就常採用**評鑑中心**（assessment center）方法，透過多重甄選的方法設計，例如：廣泛的測試範圍、內容多樣化及具體規劃，以衡量求職者的管理能力。

面　談

面談（interview）的主要優點，在於能夠進一步瞭解求職者的人格特質，以及協調溝通能力。面談方法有兩大類，分別是：非引導面談及結構化面談。

非引導面談（nondirective interview）時，面談人員透過開放式的問題詢問，讓求職者自由發揮看法。舉例來說，面談人員問：「您能夠適任應徵工作的原因為何？請用二十分鐘說明」時，求職者就可針對自己的人格特質、學歷、經歷與**生涯規劃**（career planning）等方面，加以說明。

非引導面談的缺點，在於面談人員的自由裁量空間太大，不夠客觀；除

此以外，缺乏經驗的主考官，可能問出與工作無關，甚至有性別歧視等違法的不適當問題。

為了避免上述缺點，**結構化面談**（structured interview）因應而生。結構化面談為透過預先擬好的問題清單，逐項詢問求職者。

無論是非引導面談或結構化面談，為提高面談甄選結果，面談者都應培養好的面談技巧，才能找到合適的工作人選。提升面談成效的關鍵因素有三項：首先，面談者須確認要找什麼樣的員工？也須事先規劃面談所需的各項細節內容。接著，要避免個人主觀好惡，先入為主的刻板印象，以及因為面談順序而影響評估分數。最後，面談過程中應主動協助求職者放鬆心情，並按照既定的程序進行。

背景資料確認

經營者透過**背景資料調查**（background check），瞭解求職者在學歷、經歷與家庭背景的真實情況，是否與履歷表與求職申請書的內容相吻合？除此以外，也可由求職者的**推薦人**（reference）那裡，取得更為詳細的資訊，例如：該位求職者的抗壓性與為人處事能力。

決定適合的員工人選

甄選員工的最後一個步驟，就是決定適合人選。一般來說，符合工作要求的求職者不只一位，此時經營者為了做出正確決策，可從以下兩個方向比較求職者，分別是：求職者的個人能力與工作動機，是否強到足以符合職務的需求？以及該位求職者是否能融入我們的組織文化？

經營者確認了適合的員工人選後，就透過人事部門寄送錄取通知信。該信件應說明：開始工作的報到日期、上班時間、薪資、福利及其他與工作有關的事項。

第 4 節　員工的訓練與發展

訓練（training）計畫的重點，在於增進員工的工作知識與技能；相對地來說，**發展**（development）計畫則偏重在改善員工的價值觀與工作態度。

訓練與發展計畫的執行有三項步驟，分別是：評估需求，決定訓練與發展計畫的內容，以及實施計畫與評估成果。分述如下：

評估訓練與發展的需求

經營者針對組織、人員與職務等三方面，決定是否有訓練與發展的需要。首先，在組織分析方面，人事主管從組織策略，可運用於訓練與發展的資源，以及其他高階主管的支持等方面，決定是否實行訓練與發展計畫。

接著，各部門主管需決定什麼樣的員工，有接受訓練與發展的必要；並且，這些目標員工的內心準備程度，是否高到願意接受組織提供的訓練與發展計畫？

最後，各部門主管確認訓練與發展所應加強的知識、技術與行為後，將相關資訊交給人事主管。

決定訓練與發展計畫的內容

人事主管擬定訓練與發展計畫時，須說明計畫預期達成的目標。舉例來說：計畫實施後的員工與志工，面對顧客抱怨時，都要耐心聽完顧客的意見。除此以外，也要代表該事業向對方表達歉意，並對顧客提供及時的協助。

目標確立後，接著就要選擇訓練與發展的方法。常見的方法有三種，分別是：課堂講授法、工作輪調與實習指派。課堂講授法包含請專人負責上課，透過影片的**視聽教學**（audiovisual training），或是運用電腦教育員工。

工作輪調（job rotation）為工作的水平調動，使員工有機會從事不同的工作。這種學習方式可增加員工的工作成就感，增進與其他部門員工的互動與瞭解，也使得員工的任用與工作指派，在未來更有彈性。

　　實習指派（understudy assignment）方法為透過經驗豐富的員工，在支持與鼓勵的情況中，教導接受訓練與發展計畫的員工。

❧實施計畫與評估成果☙

　　訓練與發展計畫實施後，經營者從三個面向衡量計畫的成果。首先是透過**問卷**（survey）填寫，調查員工的課程滿意度。接著，衡量員工用新的知識與技術以完成工作的能力，是否有顯著改善。最後，從**成本與效益**（benefit and cost）觀點，衡量此次的計畫實施，是否對組織產生的效益大於成本。

第5節　績效評估與管理

　　績效評估與管理之主要目的，在於達成非營利事業的三項目標，包含：策略目標、行政目標及發展目標。就策略目標而言，績效評估是以達成組織的既定目標為前提。

　　至於行政目標，則是依據績效評估的結果，給予員工薪資、福利、獎金、教育訓練，或是懲處等行政措施。

　　最後，績效管理能培養員工的專業知識與技術，以滿足員工個人及組織的未來發展目標。

　　為了達成上述目標，非營利事業透過**績效管理流程**（the process of performance management），進行績效管理。此流程包含三個階段，分別是：確認影響績效的核心任務、評估績效與績效的回饋。

首先，經營者依據工作分析的結果，確認每位員工的職位中，影響組織績效的核心任務。接著，依據員工的職位高低，工作重要性，選擇合適的績效評估方法。最後，根據績效的衡量結果，適時給予員工應有的獎勵與懲罰。

　　本節以下針對衡量員工績效的七種常見方法，分別是：書面評論、關鍵事件、圖解等級尺度、行為定錨等級尺度、多人比較、目標管理及全面評估，從方法的介紹，優點與缺點比較，簡要說明。

❦書面評論❧

　　書面評論（written essay）常被主管用來衡量員工績效。此方法雖然簡易可行，且成本低廉，但是相同員工的績效水準，會因主管寫作能力之不同，而影響到績效評估的結果。

❦關鍵事件❧

　　使用**關鍵事件**（critical incident）評估員工績效時，主管先確認與工作績效有關的行為，然後針對特定事件評估員工的工作表現。這種方法的優點，在於是以員工的行為衡量工作表現；缺點則是沒有量化的基礎外，也必須用比較多的時間評估。

❦圖解等級尺度❧

　　圖解等級尺度（graphic rating scale）的方法，是先確立績效的衡量指標，例如：工作數量、產品與服務的品質、與他人相處的能力、出勤率。然後，主管在每項績效指標中，透過評分表給予員工分數，加總各指標的分數後，就是員工的工作表現總分。

行為定錨等級尺度

行為定錨等級尺度（Behaviorally Anchored Rating Scales, BARs）為用上述的圖解等級尺度，透過關鍵事件衡量員工績效。此方法結合了圖解等級尺度與關鍵事件的優點；缺點則在於此方法所需的時間成本比較高，一般適用於中、高階管理者的績效評估。

多人比較

多人比較方法（multi-persons comparison）為員工之間的互相比較。此種方法的缺點，在於不適用於高階主管的績效評估，因為高階主管的工作內容重點，並不相同。除此以外，如果非營利事業的規模太大，員工與志工的人數過多時，從排列組合的觀點來看，主管很難進行多人相互比較。舉例來說：三位員工要相互比較三次，四位員工比較六次，五位員工就要互相比較十次。因此，員工的人數越多，則相互比較的次數就會因此而急速上升。

目標管理

目標管理（Management by Objectives, MBOs）為根據員工的目標達成度衡量工作績效。此方法的特點在於目標明確，比較有激勵員工的效果。缺點則是結果導向，可能主管過度地強調結果，而忽略了過程的重要性。

全面評估

全面評估又稱為三百六十度評估（360 degree appraisal）。此方法衡量工作績效時，是從員工的主管、同事、部屬與顧客等方面，衡量員工的工作努力成果。此方法的優點，在於全面的衡量員工績效；缺點則是衡量時所需花費的成本也很高。

第6節　薪資與福利

　　非營利事業的工作人員，包含正式員工與志工。對於志工而言，經營者應思考他們的需求，例如：是希望因此而取得本事業所提供的商品與服務？要得到社交方面的利益？還是在心理上的收穫增加？接著，經營者在適當時機對志工給予回應，以滿足他們的需求。

　　對於正式編制的員工而言，他們大多從公平的角度，衡量自己在工作方面的付出，相對於得到的薪資，是否合理？員工首先會在組織內，比較自己與相同工作員工的薪資，看看是否「同工也同酬」？接著，員工和相同組織內，工作層級與自己類似的員工薪資比較。然後，員工再與其他非營利事業的員工薪資比較。最後，員工和自己的同學，或是朋友相比較。

　　上述**公平理論**（equity theory）所產生的問題，就是員工會用個人的主觀認知，評估自己在工作方面的付出。人常會「律己甚寬，待人甚嚴」，所以滿意自己薪資的員工，比較少見。

　　員工透過公平的觀點，衡量自己的薪資水準後，認為自己薪資不如別人，就有可能不再努力工作，或是公器私用以增加所得，以及拒絕合作或離職等方式，表達心中的不滿。

　　因此，**薪資結構**（pay structure）應在公正與客觀的前提下，用公開透明的方式讓員工瞭解。薪資結構包含**工作結構**（job structure）及**薪資水準**（pay level）兩部份。工作結構為組織內各項工作的薪資比較。薪資水準則是特定工作的工資、福利與獎金等薪資報酬的總和。

　　上述的**員工福利**（employee benefit），是指金錢以外的員工報酬。對於符合台灣《勞動基準法》的員工，除了退休金、勞工保險、全民健康保險外，也包含二〇〇八年開始施行的全民年金計畫，這些都屬於台灣法律規定下的**員工福利**（benefits required by law）。

至於法律規定以外的員工福利，則依非營利事業之不同而異。舉例來說：**團體保險**（group insurance）、**退休金計畫**（retirement plan）以及**給薪休假**（paid leave），都屬於員工福利之類型。

　　為了吸引與保留有才能的正式員工，非營利事業就必須透過**薪資管理**（compensation management），從成本效益的考量為出發點，提供員工用心工作的**誘因**（incentive）。人事主管設計薪資結構時，主要考慮三項因素，分別是：法律規範、組織目標與勞動市場供需。

　　首先，人事主管需熟悉平等就業法，基本工資，加班費等與薪資給付有關的法律規範。

　　接著，薪資結構所要達成的組織目標，包含：成本必須小於效益，具有公平正義，以及吸引與留住優質員工。

　　最後，人事主管還需考慮當時勞力市場的供給與需求，才能做好薪資結構的設計。

習　題

2.1　人事管理探討的重點為何？請說明。

2.2　人事部門主管的六種例行工作為何？請說明。

2.3　人力資源規劃的步驟有三項，請說明。

2.4　工作說明書與工作規範書有何不同？請說明。

2.5　工作說明書為什麼重要？請說明工作說明書的五種用途。

2.6　人力資源盤點時，員工需填寫的資訊為何？請列舉五例說明。

2.7　招募員工的六種常見方法，請說明。

2.8　招募員工時，內部招募的三項優點為何？請說明。

2.9　招募員工時，內部招募的兩項缺點為何？請說明。

2.10　招募員工時，內部員工介紹的兩項優點，請說明。

2.11　招募員工時，內部員工介紹的缺點為何？請說明。

2.12　招募員工時，透過廣告招募的方法有三種，請說明。

2.13　常見的組織縮減方案有六種，請說明。

2.14　甄選的程序有五項，請說明。

2.15　求職者提供的基本資料有三項，請說明。

2.16　常見的雇用測驗有兩種，請說明。

2.17　提升面談成效的關鍵因素有三項，請說明。

2.18　常見的訓練與發展方法有三種，請說明。

2.19　衡量員工績效的常見方法有七種，請說明。

2.20　人事主管在設計薪資結構時，主要考慮三項因素，請說明。

第三章

會計原理與財務報表

第 1 節　孑然一身法師的故事
第 2 節　非營利事業的財務報表
第 3 節　財務報表的重要性
第 4 節　會計原則
第 5 節　財務會計概念公報
第 6 節　會計科目
第 7 節　會計基本假設
第 8 節　雙式簿記與借貸法則
第 9 節　會計循環與財務報表
　　　　▶▶▶▶習　　題

說明會計原理與非營利事業的財務報表時，本章透過簡單例子說明會計學的重要觀念；而不從事於找出一份複雜的財務報表，然後仔細說明這份報表如何產生。理由在於對經營者及有志從事於非營利事業的人士而言，如何用最簡單方法說明會計知識，如何看懂財務報表，進而懂得使用報表，然後進行財務規劃，是這些人關心的重點。

至於非營利事業的經營過程中，經營者面對的各種交易記錄應如何記載？如何將交易記載轉變成財務報表？只要該事業大到一定規模後，請專業會計人士負責帳務處理即可。因此，本章說明會計原理與財務報表時，不採用會計學教科書之詳細介紹方法。

萬丈高樓平地起！本章透過虛擬的了然一身法師故事，從他成立基金會後，募集善款的第一年中，可能面對的七筆交易行為，做為說明會計原理與財務報表的例子。說明的過程中，首先探討財務報表在非營利事業的重要性，會計原理的建立與演進，財務會計概念公報及常見的會計科目。

接著說明會計原理的假設及借貸法則。最後，本章將前述七筆交易轉成會計分錄，並透過這些分錄說明會計循環的六個步驟，以及編製屬於該基金會的財務報表。

第 1 節　孑然一身法師的故事

　　故事的開始，讓我們假設現在有一位熟讀《金剛經》的法師，法師希望效法釋迦牟尼佛在兩千多年前的傳道方法；亦即在未來連續四十幾年中，乞食、說法、並且遠離金錢的使用。然而，在法師生活的末法時代，他看到許多人執著於佛像的崇拜，有感於佛法的現代詮釋，佛法推廣，以及貧苦的許多民眾，需要從心靈及身體方面給予適當協助，凡此種種都需要錢。因此，在萬不得已的情況下，法師採用了民國初年太虛大師的主張：「以出世精神做入世的事業」，而走上了募款的道路，開始與錢打交道。

　　法師成立了祇園基金會，開始他利益眾生的志業。基金會成立的第一年中，首先收到一筆三十萬元的善心人士捐款。善心人士明確地告訴法師，其中十五萬元僅能用在寺廟興建或購買講堂，而剩餘的十五萬元則不限制使用。

　　有了錢後，法師開始找場所做為傳道的講堂。法師面對的第二筆交易，就是用現金十萬元加上向銀行舉借的四十萬元，合計五十萬元購買一棟建築物。

　　接著的第三筆交易中，法師用現金二萬元添購講堂的必要設備，例如：佛像、供桌及課桌椅。除此以外，另一位善心人士捐贈市價五千元的辦公文具用品，提供法師使用。此項交易為第四筆交易。

　　有了講堂、設備、辦公文具用品之後，法師向出版社購買一些書籍，做為講堂的使用教材。因為阮囊羞澀，法師與出版社協商先不支付書籍的錢，書籍出售完畢且得到貨款五千元後，才一次付給出版社，這是第五筆交易。當然，經營基金會的第一年中，法師也用現金五千元支付了一些必要的管理費開銷。例如：水費、電費及其他雜項支出。

　　最後，建築物因為購買金額比較大，且在未來長達二十年以上的使用過

程中,會逐漸腐朽與老化,所以法師聽從一位瞭解會計學的朋友建議,將建築物在第一年經營的年底時,以二萬元攤提折舊費用,這是基金會的第七筆交易,也是最後一項記錄。

第2節　非營利事業的財務報表

前述故事說明基金會成立第一年的七項交易記錄。根據這些記錄所編製的財務報表,將列示在本章最後一節。本節重點在於說明財務報表是什麼?以及非營利事業常見的財務報表有哪些?

財務報表(financial statements)為會計工作的最後彙總表達成果。當人們以貨幣做為交易媒介時,為滿足商業交易之需要而有記錄的產生。例如:法師故事的例子中,用現金五千元購買講堂設備,就是一個交易行為。

何謂**會計**(Accounting)?會計是以理論為基礎,將日常的所有交易記錄,依據公認的準則,透過分類、整理、彙總表達成果的整個過程。除此以外,會計工作也包含針對表達的成果,進行分析及解釋。

非營利事業的基本財務報表有三種,依其重要性排序,分別是:**資產負債表**(Balance Sheet)、**作業表**(Statement of Activities)以及**現金流量表**(Statement of Cash Flows)。

此三種報表的名稱,依事業體的行業特性不同而異,舉例來說:營利事業及非營利事業俗稱的資產負債表,在台灣大學的報表中稱為平衡表。美國史丹佛大學的作業表,相當於台灣大學的收支餘絀表,以及營利事業如台灣積體電路公司的**損益表**(Income Statement)。

至於現金流量表,在國內、外的非營利事業及營利事業中,名稱相同。雖然財務報表的名稱,依非營利事業之不同而略有差異,不過交易記錄的分

第三章 會計原理與財務報表

類、整理與彙總表達內容,則大同小異。

資產負債表之目的,在於表達特定時日的財務狀況。台灣大學在二〇〇六年的資產負債表,表達該校在該年十二月三十一日的資產與負債情況。非營利事業的資產負債表,一般由資產、負債及基金(或稱淨資產)組成。

資產(assets)代表非營利事業擁有,可用貨幣衡量之經濟資源,並具有未來之經濟效益。舉例來說,前述的法師故事中,基金會購買的建築物與設備,都可看成是資產。

負債(liabilities)是指因為現在及過去的交易行為或其他事項,而產生之可用貨幣衡量的**經濟義務**(economic obligation),且此種義務必須於現在或未來提供勞務,或支付經濟資源才能予以償付。

舉例來說:前述法師的例子中,基金會在一年後要支付給書商的五千元書籍貨款;以及購買建築物而向銀行舉借的的四十萬元房屋借款,都屬於負債。

非營利事業的**基金**(funds)相當於營利事業的**業主權益**(owner's equity),基金是基金會對剩餘資產之求償權;換言之,基金代表資產扣除負債後,歸屬於基金會的權益。因此,非營利事業的資產、負債及基金間,具有資產總額等於負債總額加上基金的恆等關係。

舉例來說,台灣大學校務基金在二〇〇六年的資產負債表中,雖然帳面上的資產有新台幣一千零七十九億元,但包含該校代政府保管的資產八百二十億元。從財務報表分析的角度來看,代管資產不屬於該校的校務基金會所擁有,所以代管資產的八百二十億元應從資產中扣除。除此以外,該校負債中的應付代管資產負債八百二十億元,也因為相同原因而予以剔除。

排除了代管資產對台灣大學平衡表所造成的影響後,該校的精簡平衡表列於表 3.1。表 3.1 的表達方式稱為 T 帳戶式,亦即在報表的左邊列資產,負債及淨資產則列於報表右邊。

表 3.1　台灣大學平衡表

台灣大學
平衡表
2006 年 12 月 31 日　　　　單位：百萬元

資產		負債與淨資產	
短期資產	$4,439	負債	$5,197
長期資產	21,508	淨資產	20,750
資產合計	$25,947	負債與淨資產合計	$25,947

▶資料來源：台灣大學會計室，本書作者加以精簡與整理。

　　該平衡表顯示台灣大學在二○○六年十二月三十一日時，資產總計有新台幣二百五十九億元、負債五十二億元、淨資產（或稱為基金）二百零七億元。並且該校的總資產金額，等於負債總額加上淨資產金額之總和。

　　資產負債表是非營利事業最重要的財務報表，代表從事業創辦的那一天開始，直到編表的那一天為止，有關資產及負債的累積情況。舉例來說：證嚴法師在一九六六年成立「佛教克難慈濟功德會」時，是以每位信徒每天捐出當日五角菜錢給功德會開始。經過三十年的聚沙成塔，該事業在一九九六年所逐漸累積下來的資產，就非常可觀。

　　我們如將慈濟功德會比做一個人，則資產負債表就代表這個人在三十年累積下來的健康狀況。如果事業在財務管理方面，一直都有條不紊且量入為出，則這個事業在財務方面就很健康。即使未來短暫的一、兩年間，面臨台灣經濟的景氣不佳或信徒流失等情況，財務體質健全的非營利事業還是經得起打擊。因此，資產負債表對非營利事業來說，是最重要的財務報表。

　　作業表說明非營利事業在某一期間的經營成果。舉例來說：台灣大學在二○○六年度的收支餘絀表，表達該校二○○六年一月一日到十二月三十一日的期間中，業務收入、業務支出與業務外收入及支出的情況。

表 3.2 的作業表之表達方式稱為**單站式**（single-step format）。單站式表達方式中，是以非營利事業在特定期間的所有收益彙總後，扣掉所有支出，以計算本期剩餘。台灣大學的會計人員將該校二〇〇六年的收入與支出，進一步區分成業務內及業務外兩大部份，所以表 3.2 屬於比較複雜的單站式表達方法。

表 3.2　台灣大學收支餘絀表

台灣大學
收支餘絀表
2006 年度　　　　　　單位：百萬元

業務收入	$12,084
業務成本及費用	12,525
業務剩餘	−441
業務外收入	820
業務外費用	583
業務外剩餘	237
本期剩餘	$ −204

▶資料來源：台灣大學會計室，本書作者加以精簡與整理。

表 3.2 的收支餘絀表中，台灣大學二〇〇六年度的業務收入為新台幣一百二十一億元，扣除業務成本及費用一百二十五億元後，該校當年度的教學與研究方面處於虧損，且虧損金額約等於四億元。雖然該校在本業以外的收入八億元高於費用六億元，仍不足以彌補教學與研究方面所造成之虧損。因此，台灣大學二〇〇六年度的營運，總的來說是處於虧損的狀態，且虧損總金額約等於二億元。

以台灣大學在二〇〇六年的收支餘絀表為例，表 3.2 說明該年度的經營成果外，也說明在二〇〇六年底的該校資產負債表，相較於二〇〇五年底時

的淨資產變動情況。從這個角度來看，收支餘絀表為該校資產負債表的解釋附表。

現金流量表之目的，為說明非營利事業在某一期間之現金，在業務、投資及理財活動的流動情況。例如：台灣大學在二○○六年度的現金流量表，表達二○○六年一月一日到十二月三十一日之間的現金流動情況。

根據表 3.3 的現金流量表，台灣大學二○○六年度的業務活動現金流量為十七億元。投資活動現金流量為負十八億元，表示當年度在購買固定資產、機械與設備等投資活動用掉十八億元。融資活動現金流量為九億元。因此，當年度現金淨增加為八億元。

表 3.3　台灣大學現金流量表

國立台灣大學校務基金
現金流量表
2006 年度　　　　　　　單位：百萬元

業務活動現金流量	$1,728
投資活動現金流量	－1,825
融資活動現金流量	920
現金在當年度改變金額	$823
期初現金	$2,674
期末現金	3,498

▶資料來源：台灣大學會計室，本書作者加以精簡與整理。

現金流量表除說明非營利事業的當年度現金流動情況外，也說明資產負債表之期初到期末的現金變動原因及金額大小。從這個角度來看，現金流量表也是該校資產負債表的解釋附表。

以台灣大學在二○○六年的現金流量表為例，該校在二○○六年底時，資產負債表的現金三十五億元，相對於該校二○○五年底之現金二十七億

元,一共增加八億元。這八億元現金增加的原因,可運用表 3.3 的現金流量表加以瞭解。

第3節 財務報表的重要性

懂得閱讀、分析並運用財務報表進行財務規劃,對非營利事業的經營者而言非常重要,以下透過本章的法師例子,加以說明。對於決定以出世精神做入世事業的法師而言,當決定與錢打交道而成立祇園基金會時,代表基金會將開始擁有資產。因為只有透過基金會的建築物、設備、書籍等資產,法師才能更有效地身體力行,進行佛法的現代詮釋及佛法推廣。

關於基金會建築物的這項資產,在此澄清一個重要觀念:建築物資產屬於基金會,而不屬於該事業的創辦人。法師成立基金會後,基金會就成為獨立的法人。相較於法人而言,法師屬於自然人。

何謂自然人?自然人受到法律的保障。舉例來說:法師可用自己的名義買屋置產,並且法律保障他的財產所有權;除此以外,他也可能因為面對塵世中的風風雨雨,而不得不在未來進到法院,從而擁有告人或被人告的不愉快經驗。

同樣的道理,基金會是法人的意思,代表基金會也是受到法律保護的「人」。因為例子中的祇園基金會,可用該會的名義買講堂,所以有人侵占該會資產時,經營者可用該會的名義聘請律師,到法院爭取基金會應有之權益。

因此,法師成立基金會之後,法師本人就是該會的第一號志工,所以「佛教克難慈濟功德會」的第一號終身志工,就是該會創辦人證嚴法師。

「錢從十方來,又從十方去」。在金錢的來去過程中,這些錢都不屬於

基金會的創辦人。換言之，本章的法師例子中，法師雖然做入世的工作，原來他也可以如釋迦牟尼佛一般，在利益眾生時不擁有任何一分金錢啊！

雖然成立祇園基金會之後，法師仍然可在不擁有任何金錢之情況下，從事利益眾生的志業；然而，這種情況並不表示法師不需為錢而奔波。舉例來說：例子中法師準備十萬元現金、外加向銀行舉借的四十萬元，購買價值五十萬元建築物，做為傳道的講堂。這筆交易中欠銀行四十萬元的主體是基金會，可是真正煩惱還債的人卻是法師。這種向銀行借錢購屋而產生的負債，可稱之為有形的負債。

人世間的有形負債往往比較容易償還，無形負債才真的叫人難以還清呀！法師經營基金會的例子中，會因此而欠下無形負債嗎？當然會！當法師收下善心人士的捐款時，就開始欠下了無形的人情債。

在例子中的善心人士因為信任法師，並鼓勵他利益眾生的心願，捐出錢而不要求回報時，接受善款的主體是基金會。從世俗的眼光來看，經營基金會的法師不但沒有拿到任何好處（錢），反而欠下了人情債。而這種人情債該如何償還才算還清呢？法師因此而做一件善事，夠嗎？法師多幫助幾個貧困的民眾，夠嗎？當善心人士不要求法師回報時，這種無形負債才真正使得非營利事業的經營者，難以還清啊！

本章從虛擬故事說明了非營利事業的基金，好比該事業承擔的無形負債。接著，我們透過實際例子說明這個觀念。台灣大學成立於一九二八年，原本稱為台北帝國大學。從一九四五年改制為台灣大學到二〇〇七年為止，經營六十二年所累積下來的淨資產，可看成該校之長期經營下所承擔的無形總負債。

台灣大學淨資產的主要來源有三方面，分別是：歷年營業所得、善心人士捐款及政府補助。為簡化說明，以下單就「營業所得」這個項目加以思考。因為學生家長認為這間學校的名聲不錯，所以願意為子女繳交學費，使

他們到該校就讀。每年該校收到學費而產生的營業收入,如果高過營業支出時,多餘的錢在年終時就會轉入校務基金,然後逐年累積。

　　台灣大學的校務基金會收了學生家長的錢,經過幾年後發畢業文憑給學生。從有形的角度來看:學生家長花錢讓子女在就學過程中,學到謀生技能的同時也得到了文憑,這件事情似乎銀貨兩訖,兩不相欠。實則不然!台灣大學的經營者及師長,在教育學生之後真的達到家長們對子女及對這間學校的期望嗎?而在學校的經營過程中,如何維持該校聲譽長久不墜,甚至逐年上升,以對得起過去到現在所有學生家長的期望,這種承擔無形負債的責任,其實遠高過營利事業負責人,在經營企業時所擔負的責任。

　　營利事業的負責人,例如:台塑的王永慶,或鴻海的郭台銘,他們在經營企業時所關心的重點,是在不違法的前提下,**為公司股東們謀求最大財富**(maximize the wealth of shareholders)。投資人為什麼買台塑,或鴻海的股票?因為他們認為這種投資行為可以賺到錢。

　　對營利事業的經營者而言,只要正當經營並使公司股價逐漸上升,或發放高額股票利息給股東,就算對投資人有了很好的交代。因此,股東們有形的要求(賺到錢),相較於非營利事業所面對的無形負債,是比較容易達成的目標。從這個角度來看,非營利事業負責人所承擔的責任與工作壓力,應不會低於台塑的王永慶與鴻海的郭台銘。

第 4 節　會計原則

　　會計原則之建立,是因為經濟活動的需求而產生。會計人員不論工作是在營利事業或非營利事業,記載交易記錄時都必須依據一般公認會計原則。依據會計原則而編製之財務報表,是**非營利事業的語言**(the language of notfor-profit organizations），也是經營者在每日管理工作的必備工具。

台灣現行會計原則的制定，主要參考美國的相關原則與制度。為了正本清源，本節介紹美國會計原則的建立過程。在說明的過程中，首先介紹兩個專業會計團體，分別是：美國會計師協會及財務會計準則委員會。接著，才探討近代會計原則之建立與演進的過程中，扮演重要角色的財務會計概念公報。

會計原則在近代受到美國政府及民眾之重視，主要原因是一九二九年的美國股市嚴重崩盤，在隨之而來的幾年經濟蕭條中，該國政府體認到企業的外部財務揭露之重要性，因此於一九三三年頒布**《證券法》**（Securities Act）。證券法之立法目的，在於透過法律保障股票投資人，並且避免股票市場上的不正確財務報表編製，再次地誤導投資大眾。

《證券法》之後，美國政府接著在一九三四年公布**《證券交易法》**（Securities Exchange Act），**證券交易委員會**（Securities and Exchange Commission, SEC）依據此法案而成立，且該會成立時的最初任務，為制訂**一般公認會計原則**（Generally Accepted Accounting Principles, GAAP）。

一般公認會計原則，代表一個國家權威團體公布並支持的會計原則。除了上述美國例子外，台灣的一般公認會計原則，是透過會計研究發展基金會所公布。此基金會由台灣的財務會計準則委員會、審計準則委員會、財務會計問題研議小組、評價準則委員會、會計研究月刊與負責執行例行業務之祕書單位所組成。

從一九三四年到二〇〇七年的七十幾年中，除了證券交易委員會之外，民間機構如美國會計師協會及財務會計準則委員會，在一般公認會計原則的制定與修正，也扮演著舉足輕重的角色。

美國會計師協會（American Institute of Certified Public Accountants, AICPA），是領有會計師證照之專業人員所組成的協會。該協會在一九三

〇年代成立一個委員會,並與**紐約證券交易所**(New York Stock Exchanges, NYSE)合作,在當時分歧的會計記錄方式及財務報表編製方法中,尋求共同解決之道。

接著,在一九三九年到一九五九年間,**會計程序委員會**(Committee on Accounting Procedures)及**會計名詞委員會**(Committee on Accounting Terminology),不僅因為美國會計師協會及紐約證券交易所的合作而產生,也針對當時的會計問題,發布五十一項**會計研究公報**(Accounting Research Bulletins, ARBs)。

最後,這兩個委員會在一九五九年,被美國會計師協會新成立的**會計原則委員會**(Accounting Principles Board, APB)和**會計研究處**(Accounting Research Division)所取代。會計原則委員會及會計研究處的合作關係,從一九五九年持續到一九七三年,最後被美國會計師協會新成立的財務會計準則委員會所取代。

財務會計準則委員會(Financial Accounting Standards Board, FASB)從一九七二年成立開始,度過了三十六個年頭後到今天還存在,所以該會對近代的會計及財務從業人員影響深遠。該會主要發行四種公報,分別是:財務**會計準則公報**(Statement of Financial Accounting Standards, SFASs)、**解釋公報**(Interpretations)、**技術公報**(Technical Bulletins)與**財務會計概念公報**(Statements of Financial Accounting Concepts, SFACs)。

財務會計準則公報的主要內容,為針對特定會計問題而頒布一般公認會計原則。解釋公報用來解釋曾經發布之各種會計原則。技術公報針對財務會計及財務報表的相關問題,提供即時(timely)指導。最後,財務會計概念公報則在於提供一般公認會計原則的理論基礎。

上述四種類型的公報中,財務會計概念公報最重要。美國財務會計準則委員會中的三位委員:**布蘭查**(Blanchant)、**拿波里他諾**(Napolitano)及**藍**

斯門（Landsman），在二〇〇一年接受專訪時就曾經表達此一觀點。其中，同時身為美國北卡羅來納大學商學院教授的藍斯門，更用比擬方式指出：財務會計概念公報與一般公認會計原則的關聯性，相當於一個國家的**憲法**（Constitution）與相關子法。

針對藍斯門的比喻，我們可以進一步說明：從法律的角度來看，憲法是國家的根本大法，憲法以外的所有法律，都在憲法的基礎與原則下衍生出來，而衍生的法律不能違背憲法的基本精神。人們透過對憲法的熟悉，就有助於瞭解刑法、民法、稅法等憲法的相關子法。

同樣的道理，近代會計原則的建立與修正過程中，美國財務會計準則委員會的委員們，是以財務會計概念公報的精神為依歸。因此，談論一般公認會計原則之前，就必須先說明財務會計概念公報。

第5節 財務會計概念公報

美國的財務會計準則委員會，自一九七八年開始發行第一號財務會計概念公報到二〇〇八年為止，共發行七項概念公報。一號公報說明營利事業提供財務報表之目的。二號公報強調會計資訊之品質特性。

三號公報被後來的六號公報取代，這兩份公報都在於定義財務報表的基本要素。

四號公報探討非營利事業財務報表之目的。五號公報說明會計人員編製財務報表時之認列與衡量標準。七號公報在二〇〇〇年發表，此公報探討會計衡量方法中的現金流量法及**現值**（present value）法。

上述七項財務會計概念公報中，與非營利事業有關的公報，包含：二號、四號、五號及六號，因此針對這四項財務會計概念公報，簡要說明如下：

財務會計第二號概念公報

此公報在一九八〇年公布，內容探討會計資訊應有之品質特性。公報內容明確地表示，會計人員分辨資訊是否值得記錄時，該資訊要有足夠的**重要性**（materiality），且收集及記錄後所產生的**經濟效益必須大於成本**（benefits＞costs），才可以記載。除此以外，會計人員向決策者提供資訊時，該資訊必須使**經營者理解**（understandability），且能夠協助他們下**決策**（decision usefulness）。

此公報進一步說明會計資訊與決策有關的兩項品質，包含：**攸關性**（relevance）及**可靠性**（reliability）。攸關的會計資訊由三方面構成，分別是：**可預測性**（predictive value）、**可回饋性**（feedback value）與**即時性**（timeliness）。當會計資訊的提供，使經營者根據過去、現在及未來可能情況，預測未來或修正以前對未來之預期時，則此資訊具有可預測性及回饋性。及時性則指會計資訊須在經營者下決策或修正決策之前，能及時地提供訊息。

至於可靠的會計資訊也由三方面構成，分別是：**可驗證性**（verifiability）、**忠實表達**（representational faithfulness）與**中立性**（neutrality）。可驗證性的會計資訊，是指不同會計人員，針對相同資訊採用相同方法衡量時，得到的結果都應該相同。忠實表達則是指會計的數字，與這些數字所代表的資源或事件間，必須**相稱**（correspondence）且具有**一致性**（consistency）。最後，中立的會計資訊，則代表會計人員選用各種會計原則時，不應將自身的特別利益考慮在內，而以資訊的相關性與可靠性，做為選擇一般公認會計原則之依據。

財務會計第四號概念公報

此項公報在一九八〇年公布，內容說明非營利事業財務報表之目的。這

份公報明確地指出，財務報表須對現在及潛在的資源提供者，以及其他報表使用人，達成以下七項目的。

第一、財務報表須提供有用之資訊，以協助報表使用人在**理性決策**（rational decisions）的行為下，配置該事業所擁有之資源。

第二、財務報表應提供足夠資訊，針對該事業已提供的各項服務，進行適當的評價。除此以外，財務報表也須表達該事業是否具有足夠能力，可在未來繼續提供服務。

第三、財務報表須說明非營利事業的經營者是否盡責？是否有好的績效表現？

第四、財務報表應表達該事業所擁有的經濟資源，所需承擔的義務，以及淨資源的相關資訊。除此以外，報表也應陳述對前述資源造成影響的各種交易、事件及情況。

第五、財務報表應顯示非營利事業在特定期間的經營績效，在衡量績效時需說明：該事業的淨資源變化情形，在提供服務方面的努力情況，以及是否達成既定目標？

第六、財務報表應說明非營利事業在金錢及其他流動資源方面，如何取得與支配。除此以外，該事業的借款及還款情況，以及其他可能影響該事業流動性的各種因素，也應透過財務報表加以表達。

第七、財務報表應包含完整的解釋與說明，以協助使用者瞭解該報表所表達的財務資訊。

財務會計第五號概念公報

此公報在一九八四年公布，內容說明財務報表在編製過程中，會計資訊之認列標準與衡量方法。會計資訊通過成本效益的限制與重要性門檻後，還必須達到四項標準，才可財務報表認列。此標準包含：**定義**（definition）、

可衡量性（measurability）、**攸關性**（relevance）及**可靠性**（reliability）。關於攸關性與可靠性，已在前述二號概念公報說明，以下就定義及可衡量性這兩項標準，加以說明：

定義的會計資訊認列標準，是指會計人員認列任何會計資訊時，該資訊必須符合財務報表中的**要素**（element）定義。要素定義在本概念公報（五號）之前的三號概念公報有詳細說明，後來因為六號公報取代了三號公報，所以在介紹本概念公報之後，接下來的六號概念公報才會針對要素定義，予以說明。

可衡量性的標準，是指會計資訊須在足夠的信賴度前提下，其**攸關屬性**（attribute）能準確加以衡量時，會計人員才會記錄。舉例來說：管理學領域中常將「人」視為一項資產。台灣於一九九九年發生九二一震災後，善心人士在證嚴法師的號召下，願意出錢出力地協助災民。因此，慈濟慈善事業的創辦人證嚴法師，是該事業的一項重要資產。然而，當會計人員針對該事業的報表進行編製時，因為無法在足夠信賴度之前提下，用金錢準確地衡量法師的價值，所以在不符合可衡量性的標準之下，該事業的財務報表看不到證嚴法師的存在。

除了會計資訊的四項認列標準外，第五號財務會計概念公報也歸納出五種會計資訊衡量方法，包含：**歷史成本法**（historical cost）、**現時成本法**（current cost）、**現值市價法**（current market value）、**淨變現價值法**（net settlement value）及**淨現金流量法**（present value of future cash flow）。

以上五種方法在非營利事業的財務報表中，都可能被會計人員採用，而以歷史成本法最為常見。舉例來說：本章的法師例子中，法師用現金十萬元加上向銀行舉借的四十萬元，合計五十萬元購買建築物做為傳道講堂。當建築物財產的價值要表達在財務報表時，會計人員就以該項財產當初支付的歷史成本五十萬元，放在帳上予以表達。

如果將來建築物的市場價格節節上升時，此項財產需在報表中調高價值以反映市價嗎？不必。理由之一，該建築物在短期內並沒有要出售的考量，因此不必調整。理由之二，建築物的價格只有等到賣出且成交完畢後，才能夠知道。

進一步地舉例來說：假設有人要買房屋開彩券行，如果我的門牌號碼是一六八號（諧音一路發），房屋賣價就有可能高於隔壁一七〇號的房屋，即使這兩間房屋的結構、屋齡等條件都相同。

因為建築物的市場價格，很難找到在足夠信賴度之前提下，準確衡量的方法，所以會計人員採用比較沒有爭議的方法，就是用建築物的歷史購買價格表達在財務報表。

財務會計第六號概念公報

此公報加入第二號概念公報的修正考量後，取代了財務會計第三號概念公報，並在一九八五年公布。六號概念公報之內容，在於定義出與企業績效衡量有關的十項**要素**（element），包含：**資產**（assets）、**負債**（liabilities）、**權益**（equity）、**業主投資**（investments by owners）、**分配給業主**（distribution to owners）、**綜合淨利**（comprehensive income）、**收益**（revenues）、**費用**（expenses）、**利得**（gains）及**損失**（losses）。

非營利事業的淨資產（相當於營利事業的權益），是由各種基金（fund）組成，所以前述十項要素中的權益、業主投資、分配給業主與綜合淨利，並不存在於非營利事業的財務報表。因此，以下討論的會計要素，包含：資產、負債、淨資產、收益、費用、利得與損失等七項。

資　產

資產是非營利事業之過去交易或事件而取得的資源，該資源能以貨幣

衡量，且可在未來獲取經濟效益。資產包含經營使用之所有財產，例如：動產、不動產及具有交換與使用價值之財與物。

舉例來說，本章的法師故事中，基金會用五十萬元購買的建築物，就屬於該會透過交易而取得的一項資產。非營利事業可能因為事件而取得資產嗎？善心人士捐了三十萬元給基金會，就是一個例子。首先，這是一個事件而不是交易。因為善心人士為單方面捐錢，他並沒有因此透過法師或基金會，換取任何有形商品，或是無形服務。接著，三十萬元現金對基金會來說是資產，因為將來該會可運用這筆錢買屋或支付水電費。

負 債

負債為過去的交易或事件，造成非營利事業承擔的有形義務，且該義務能以貨幣衡量。除此以外，該事業必須於現在或未來，以移轉資產或提供服務的方式，還清這項有形義務。

舉例來說，祇園基金會的例子中，該會向銀行舉借四十萬元後，才有辦法用五十萬元買建築物，所以在這筆交易中，基金會有了四十萬元負債。

淨資產

淨資產在非營利事業的財務報表中，又稱為**基金**（funds），指該事業的資產減去負債後的剩餘價值。我們可用本章的祇園基金會例子，說明該會的淨資產變動情形。法師成立基金會之後的第一件事，就是收到善心人士的捐款三十萬元，因為此時沒有負債，所以該會的資產及淨資產都等於三十萬元。

接著，基金會用十萬元自有現金及銀行借款四十萬元，合計五十萬元購買建築物。此時該會的資產有七十萬元，其中包含：現金二十萬元（因為原有三十萬元，用掉了十萬元買建築物）及五十萬元的建築物。負債方面則有四十萬元銀行負債。因此，該會的淨資產就是七十萬元減去四十萬元後的

三十萬元。此時因為負債的存在,造成該會的資產金額七十萬元,不再等於淨資產三十萬元。

收 益

非營利事業在持續經營的過程中,提供核心業務有關的商品或服務給顧客,以換取資產流入或負債清償時,就稱為收益。舉例來說:祇園基金會的例子中,法師為了在購買的講堂中開班授課,只好向學員收取學費,以還清因為購屋而向銀行舉借的四十萬元。在這個例子中,學費收取就屬於該會的收益。

費 用

費用與收益的產生,來自於非營利事業的核心業務商品或服務。相對於收益而言,費用則是指提供商品或服務的同時,該事業所需付出的資產或增加的負債。

舉例來說:法師開班授課後,幫基金會賺到了收益,但是另方面也因為上課而增加了水電費用。

利 得

非營利事業的經營過程中,因為核心業務以外的交易或非交易活動,而造成該事業淨資產增加之結果,稱為利得。

舉例來說:祇園基金會的第一年經營中,法師以基金會名義購買市價五十萬元的建築物。假設在第二年時,法師決定賣掉這間位於市區的建築物,然後購買位於郊區的大講堂。建築物在今年用六十萬元出售,且房屋沒有折舊費用攤提的假設下,今年處分舊資產而賺到的十萬元,就屬於該會的利得。

為什麼這個例子中的十萬元,不是收益而是利得呢?因為法師成立基金

會之主要目的,不在於買賣房子而賺錢,所以這筆核心業務以外之交易所賺的錢,會計人員以利得認列。

損　失

損失與利得是因為核心業務以外的活動而產生。相對於上述的利得,損失則是核心業務以外的交易或非交易活動,造成該事業淨資產減少的結果。

舉例來說,祇園基金會第一年經營中,法師以基金會名義向出版社購買市價五千元的書籍,然後逐漸銷售給信眾。颱風過境造成書籍被水泡壞而不堪使用時,就造成損失。因為出售書籍不是法師成立基金會之主要目的,所以會計人員記錄書籍毀壞的資訊時,是以損失記載。

第 6 節　會計科目

本節依照資產、負債、淨資產、營運收益、營運費用及營運外之收益與費用等六個大項,說明非營利事業的財務報表中,各個項目下之常見會計科目。

資　產

非營利事業的資產項目中,依資產變成現金(簡稱:變現)的容易程度與否,從變現性之高到低,區分為:流動資產、長期投資、固定資產及其他資產。

一、流動資產

流動資產(current assets)指現金及其他在一年內可轉換為現金、出售、或耗用之資產。財務報表中的流動資產科目,依變現程度由高到低排序,包

括：現金、銀行存款、有價證券、應收捐贈款、應收票據、應收帳款、應收收益、存貨、用品盤存與預付費用。說明如下：

1. 現　金

會計學中定義的現金，包含：本國之紙幣、硬幣與即期支票。外國貨幣在國內的流通性低，且不易在國內直接當成交易媒介，所以會計人員不將外國貨幣歸類在現金科目。

2. 銀行存款

支票存款、活期存款及活期儲蓄存款，存在銀行且可自由提取與使用，都屬於會計學中定義的**銀行存款**（cash in banks）。至於存在銀行的定期存款或可轉讓定期存單，因為存款人無法在沒有任何損失的情形下，提前結清以換取現金，所以定期存款及可轉讓定期存單，被歸類為短期投資，而不屬於銀行存款。

3. 有價證券

非營利事業將多餘資金購買政府公債，公司債，及不以控制為目的所購買之公司股票，這些投資標的就歸類為**有價證券**（marketable securities）。

4. 應收捐贈款

當善心人士口頭答應，或在正式書面寫下備忘錄，允諾將來捐贈善款時，會計人員將這種承諾以**應收捐贈款**（contribution receivable）科目，記載在財務報表。

舉例來說：善心人士願意在未來兩年內，從每月薪資中提出五千元捐給就讀的商學研究所；或善心人士在生前立下遺囑，願意在往生後將個人財產的半數，捐贈給非營利事業。這種類型的捐款都屬於應收捐贈款。

5. 應收票據

發票開出人或付款人在特定日或特定期間，須無條件支付特定金額給非營利事業之書面承諾，稱為**應收票據**（notes receivable）。常見的應收票據有

本票與遠期支票。

6. 應收帳款

　　非營利事業出售商品（例如書籍與刊物）或提供勞務時，產生對買方之貨幣請求權，稱為**應收帳款**（accounts receivable）。

7. 應收收益

　　非營利事業已獲得但尚未取得的收益，稱為**應收收益**（accrued revenue）。常見的應收收益有應收房租及應收利息。

8. 存　貨

　　存貨（inventories）指非營利事業在目前已經擁有的貨品，並且此種貨品可於現在或未來銷售，以換取經濟資源。舉例來說：本章的法師故事中，基金會購買並在將來出售給學員的書籍，就是該會的存貨。

9. 用品盤存

　　非營利事業購買辦公使用之文具用品時，會計人員先以文具用品費用科目記載。在會計年度期末結算盤點時，尚未用完之文具用品，會計人員依當初購買之金額換算，轉入**用品盤存**（office supplies on hands）科目做為原先辦公用品費用之減項。

10. 預付費用

　　非營利事業在使用完整服務前，先行付款的費用，稱為**預付費用**（prepayments）。舉例來說：非營利事業向外人租房子的時候，一般都是月初先付房租後，才可擁有房屋的使用權。除此以外，購買房屋的火災保險與地震保險時，也是在購買保險時立即付款。因此，常見之預付費用有預付房租及預付保險費。

11. 備抵壞帳

　　前述應收捐贈款、應收票據、應收帳款與應收收益，為非營利事業之債權資產，此類資產金額可能在未來無法完全收回，產生壞帳。針對這些可

能發生的壞帳金額估計，會計人員常用過去發生的實際壞帳占總收帳款的比率，乘上今年的總收帳款金額，以估計今年產生之壞帳費用。然後，用**備抵壞帳**（allowance for doubtful accounts）科目表達債權資產之抵銷項目。

除此以外，會計人員有時也從應收捐贈款、應收票據、應收帳款與應收收益等各方面，分別估算出每項應收科目的壞帳費用，然後分別以備抵壞帳科目，表達各應收款之抵銷項目。

二、長期投資

長期投資（investments）包含非營利事業長期持有之投資，及為供特定用途所累積或提撥之基金。除此以外，此種投資與基金持有之目的，在於獲取財務或營業方面之利益。舉例來說：非營利事業為獲取利息收入而長期持有之政府公債。

三、固定資產

固定資產（fixed assets）在財務報表中，有時稱為**財產、廠房及設備資產**（property, plants and equipments）。固定資產指有實體存在、供營業使用、使用年限超過一年，且不以出售為目的之資產。常見的固定資產有土地、建築物、運輸設備與辦公設備。

1. 累積折舊

上述固定資產中，除了土地外都有一定的耐用年限。耐用年限屆滿時，該項固定資產的剩餘價值很低，或是完全沒有使用價值，所以在使用過程中，會計人員將固定資產的取得成本分攤於使用期間，以做為每年攤提之**折舊費用**（depreciation）。

折舊費用為固定資產已經損耗之成本預估。本來會計人員在編製財務報表時，應該直接降低固定資產之帳面價值，但為了保持固定資產的原始取得成本資訊，所以另設**累積折舊**（accumulated depreciation）科目，用來逐年降低固定資產之歷史取得成本。

四、無形資產

無形資產（intangible assets）為可供非營利事業使用，並於現在及未來產生經濟效益，但是本身卻無實體存在的經濟資源。舉例來說：商譽、專利權、著作權與開辦費，都屬於無形資產。說明如下：

1. 商　譽

商譽（goodwill）的產生，可能因為經營管理良好，產品的品質優良等原因，且無法歸類於有形資產的項目。舉例來說：台灣大學的良好校譽，慈濟慈善事業的樂善好施，都是這些非營利事業的無形資產。因為有好校譽，所以優秀老師願意到該校任職，用功學生也願意到該校就讀。因為有好名聲，所以台灣發生九二一震災時，民眾願意有錢出錢、有力出力，透過慈濟事業協助災民。

關於台灣大學的商譽價值，會計人員無法找到一個絕大多數人都認同的評價方法，予以估算，所以依據一般公認會計原則，只有向外購買而得的商譽，才可入帳並公布於財務報表。對於非營利事業自行發展的商譽，如台灣大學的好校譽與慈濟的好名聲，會計人員不在財務報表中表達。

2. 專利權

非營利事業取得政府授與之製造、銷售或處分專利品之特有權利，稱為**專利權**（patents）。

3. 著作權

著作權（copy rights）指對文學、藝術與學術等相關創作，或譯著之出版與銷售等權利。非營利事業中的台灣大學，或是佛光山與法鼓山等宗教團體，如果作者將專利權或著作權捐贈給該事業，就會產生此種無形資產。

4. 開辦費

非營利事業從發起到在主管機關登記成立之日為止，這段期間因為設立所發生之相關支出，稱為**開辦費**（organization cost）。開辦費之費用來源包

含發起人報酬,律師及會計師公費,以及非營利事業登記執照費。

負 債

負債依尚須還清時間之短長,又可區分為:流動負債、長期負債以及其他負債。說明如下:

一、流動負債

流動負債(current liabilities)指在未來一年內,須用流動資產或新的流動負債才可償還之債務。流動負債依償還時間之短長排序,包含:銀行透支、應付票據、應付帳款、應付費用與預收收益。說明如下:

1. 銀行透支

非營利事業的銀行存款金額,不足以支付應到期之票據時,該事業的往來銀行可依據彼此之協議,由銀行先行代為墊付。此種銀行代墊而產生之短期負債,稱為**銀行透支**(bank overdraft)。

2. 應付票據

非營利事業透過信用融通方式,購買商品或向外借款後,而產生需在未來特定日期支付特定金額給債權人之書面承諾,稱為**應付票據**(notes payable)。

3. 應付帳款

非營利事業因為賒購商品(例如:書籍及刊物)或賒購勞務(例如:聘請律師及會計師),產生賣方對該事業之貨幣應付權,稱為**應付帳款**(accounts payable)。

4. 應付費用

非營利事業使用了購買之商品或服務後,尚未償付現金或其他經濟資源時,就因此而產生**應付費用**(accrued expenses)。應付費用一般要在會計年度結束時,調整剩餘之應付金額,並表達於財務報表。常見之應付費用包

含：應付利息、應付薪資與應付房租。

5. 預收收益

非營利事業在未交付商品或提供勞務前，預先收取之貨款，稱為**預收收益**（revenue received in advance）。舉例來說：台灣大學在每學期開始先向該校學生，收取一個學期的學雜費。學生還沒有開始上課就先將學雜費繳清，此種收入對該校而言，就屬於預收收益。

二、長期負債

非營利事業必須經過一年以上的時間，才能逐漸還清的債務，稱為**長期負債**（long-term liabilities）。舉例來說：長期工程借款，或因購屋而向銀行舉借之房屋借款，都屬於長期負債。

淨資產

非營利事業的淨資產是由基金所組成，基金有兩大類型：非限制基金與限制基金。說明如下：

一、非限制基金

非營利事業可自由運用之基金稱為**非限制基金**（unrestricted funds）。非限制基金的來源之一，是善心人士捐贈時並未特別指定用途；來源之二，為該事業在過去之經營過程中，歷年累積賺到的錢，而可自由運用的資金。

二、限制基金

限制基金（restricted funds）指基金的使用受到限制。常見的限制基金有五種，分別是：特殊目的基金、捐贈、廠房更新與擴充、年金基金與分支機構特有基金。說明如下：

1. 特殊目的基金

特殊目的基金（special purpose funds）為捐款人在捐款時，特別指明用途的基金。舉例來說：善心人士捐款給私立東吳大學，並指定捐款只能運用在

學生的獎學金發放。

2. 捐　贈

善心人士捐款給非營利事業時，指定善款的本金不可動用，只有善款每年衍生之利息或股利才可支用時，這種善款就屬於**捐贈**（endowments）。

舉例來說：美國的哈佛大學等名校，其畢業校友在事業有成後，常願意捐出個人持有的股票給母校，此種類型的善款就稱為捐贈。

3. 廠房更新與擴充

廠房更新與擴充基金（plant replacement and expansion funds）只能使用在廠房或房屋的購買、更新與擴充。基金來源可能是非營利事業經過董事會決議，將該事業的非限制基金轉出部份金額，進入廠房更新與擴充基金。另方面的來源則是善心人士在捐款時，特別指定該筆捐款只能運用在廠房的更新與擴充。

舉例來說：本章的法師故事中，基金會收到的第一筆善款三十萬元，其中十五萬元被善心人士指定為買講堂之用，就屬於限制基金中的廠房更新與擴充基金。

4. 年金基金

常見的**年金基金**（annuity funds）為債券基金或長期政府公債。此種基金的本金不可動用，即使政府公債有到期日，債券到期收到本金時，非營利事業再用這筆本金購買新的政府公債。對持有年金基金的非營利事業而言，只能運用此種基金每年產生之利息收入。

5. 分支機構基金

大型的非營利事業如台灣大學與佛光山宗教團體，有時收到善心人士捐款時，該筆善款指定捐給事業中的特定機構。因此，真正掌控這筆善款使用的主體，是該事業中的特定分支機構，而不是董事會或最高經營者。此類型基金稱為**分支機構基金**（agency funds）。

營運收益

一、營運收益

非營利事業因主要營運行為而產生之收入，稱為**營運收益**（operating revenue）。例如：學雜費收入、會費收入、募款收入、出售商品之銷貨收入與提供服務之業務收入。

因為出售商品時容易產生銷貨退回，貨品價錢優待，或顧客提早付現而享有折扣等情況，所以會計人員設立銷貨退回、銷貨折扣與銷貨讓價，作為銷貨收入之抵銷科目。

1. 學雜費收入

大專院校如台灣大學，每學期開始向該校學生收取的**學雜費**（tuition and fees），就屬於該校營運收益中的學雜費收入。

2. 會費收入

非營利事業中的特定事業團體，定期向會員收取**會費**（periodical support contributions）以維持正常運作，這種收入稱為會費收入。

3. 募款收入

非營利事業的基金來源中，可透過舉辦活動以吸引民眾參加，然後**募款**（support contributions）。台灣發生天災時，有時非營利事業如：紅十字基金會與慈濟慈善事業，也會舉辦活動募集善款，以協助需要幫助的人度過難關。

4. 銷貨收入

非營利事業銷售商品而產生之收入，稱為**銷貨收入**（sales）。舉例來說：佛光山事業團體本著佛法推廣之心，出版各種佛教相關書籍。書籍出售取得現金時，會計人員就將該筆款項記載為銷貨收入。

二、銷貨退回

非營利事業出售貨品後，買方可能發現貨品不如預期或有瑕疵，決定將

貨品退回給該事業時，稱為**銷貨退回**（sales return）。

三、銷貨折扣

非營利事業銷售商品造成買方需支付貨款時，買方與該事業協商後，提前用現金付清貨款以享有商品購買之折扣，稱為**銷貨折扣**（sales discount）。

四、銷貨讓價

非營利事業在銷售商品時，該商品是展售品出清，或買方可接受的瑕疵品，此時在買賣雙方協議下，銷貨價款從貨款中扣除一部份，此種扣除稱為**銷貨讓價**（sales allowance）。

營運費用

一、營運費用

非營利事業為正常營運而產生的各種支出，統稱為**營運費用**（operating expenses）。營運費用包含：薪資、租金支出、水電費、折舊費、修繕費、文具用品費、郵電費、保險費與差旅費。除此以外，該事業有出版書籍或刊物以增加收入時，就會產生銷貨成本之營運費用。說明如下：

1. 薪資

非營利事業需支付給員工之薪資、加班費、獎金與津貼，都列在會計科目的**薪資**（salaries and wages）科目。

2. 租金支出

非營利事業租用汽車、土地、房屋及其他各項設備，以利於該事業正常運作，此種因租用而支出之金額，稱為**租金支出**（rent expenses）。

3. 水電費

非營利事業因正常營運所需，而按時繳交之水費及電費，統稱為**水電費**（utilities）。

4. 折舊費

非營利事業在營運部門使用之固定資產中，土地以外的建築物

及各項機械設備，都會逐年損壞，所以該事業會在每年提列**折舊費用**（depreciation）。

5. 修繕費

營運部門所需各項修理及維護費用，稱為**修繕費**（repair and maintenance）。

6. 文具用品費

營運部門在正常營運中，所使用之文具紙張等費用，歸類為**文具用品費**（stationery and supplies）。

7. 郵電費

營運部門在正常營運中，所需支付之郵費及電話費，統稱為**郵電費**（postage and telephone）。

8. 保險費

營運部門的房屋、貨品與設備之相關保險費用，例如：火災險、竊盜險與地震險，稱為**保險費**（insurance）。

9. 差旅費

非營利事業在正常營運過程中，需支付員工金錢以出差到各地之交通、膳宿等費用，稱為**差旅費**（traveling expenses）。

二、銷貨成本

銷貨成本指在一定期間中（通常是一年）所銷售的商品，從開始生產或進貨，直到可銷售狀態為止所產生的成本總和，稱為**銷貨成本**（cost of goods sold）。

營業外收益及費用

非營利事業核心業務以外之交易或非交易活動，所產生之收益及費用，就稱為**營業外收益及費用**（non-operating income and expenses）。

營業外收益屬於該事業的利得，包含：利息收入、股利收入、租金收入與資產處分利得。營業外費用中的常見科目為：利息支出與資產處分損失。說明如下：

一、營業外收益

1. 利息收入

非營利事業在銀行或銀行以外的金融機構（如郵局），或從個人或團體所收到之利息，就是屬於**營業外收益之利息收入**（interest revenue）。舉例來說：非營利事業將多餘資金存於銀行或購買政府公債，因為該事業的核心業務不是以營利為主，且成立該事業之目的也不是為了存錢賺利息，所以會計人員將此種收入歸類為利息收入，屬於營業外收益。

2. 股利收入

非營利事業將多餘資金購買股票，或因收到善心人士的股票捐贈而擁有股票投資，此時因持有股票而產生的股利收入，就記載為營業外收益之**股利收入**（dividends revenue）科目。

3. 租金收入

非營利事業擁有之土地及房屋，出租他人使用而按時收取之租金，稱為**租金收入**（rent revenue）。

4. 資產處分利得

非營利事業處分長期資產如土地或房屋時，出售價格高於該資產的帳面價值時（固定資產的歷史成本減掉累積折舊，等於帳面價值），則差距的金額稱為**資產處分利得**（gains on the disposal of assets）。

舉例來說：非營利事業去年用五十萬元購買一棟建築物。房屋會老朽及損壞，所以去年底攤提折舊費用五萬元後，今年房屋的帳面價值只剩下四十五萬元。該事業今年以六十萬元出售這棟建築物，則處分建築物而賺取之資產處分利得為十五萬元。因為六十萬元賣價減掉建築物今年的帳面價值

四十五萬元，等於利得十五萬元。

二、營業外費用

1. 利息支出

　　非營利事業買土地、房屋或其他原因而向銀行借錢，從而產生除了本金償還外，還需支付的銀行利息。此種支付的利息是以**利息支出**（interest expenses）科目表達。

2. 資產處分損失

　　對非營利事業而言，資產處分既然可能產生利得，當然也會有損失的可能。長期資產處分有損失時，會計人員計算損失的金額，並將此金額以**資產處分損失**（loss on the disposal of assets）科目加以表達。

第 7 節　會計基本假設

　　本節說明會計人員編製非營利事業的財務報表時，必須依據的九項**傳統會計模型假設**（traditional assumptions of the Accounting model）。這些假設包含：事業個體、繼續經營、會計期間、貨幣單位、穩健原則、收益實現原則、配合原則、充分揭露原則與應計基礎。說明如下：

事業個體

　　事業個體（business entity）假設下，會計人員將非營利事業與該事業之負責人，區分為兩個個體。因此，非營利事業的財務報表，必須與該事業負責人的個人財務報表有所區分。

　　舉例來說：台灣的紅十字會現任會長為陳長文，他除了是紅十字會的負責人之外，是理律法律事務所執行長兼執行合夥人，也擁有個人資產。為瞭

解紅十字會的經營是否成功？會計人員就將該會長所經營之紅十字會，與其所擁有的其他資源分開，以便於單獨計算紅十字會之損益。

繼續經營

繼續經營（going concern）假設，排除非營利事業在短期遭致破產或清算的可能。會計人員編製財務報表時，假設該事業將持續經營到永遠。因此，負債可於到期時才清償，固定資產按取得之歷史成本認列，且依據一定之方法逐年提列折舊，而不用清算價值或市價入帳。

會計期間

會計人員編製財務報表時，為了提供即時資訊，使決策者瞭解該事業的經營狀況，因此而有**會計期間**（time period）假設。在此假設下，經營者雖然取得即時資訊，卻不得不接受一些不精確之數字。

舉例來說：資產負債表中常有應收款之科目，例如：應收捐贈款及應收貨款，只有當應收款完全收回，或無法收回而承認壞帳發生時，才可正確得知應收款之確實收回金額。因此，會計人員記錄應收款時，在會計期間假設下，預估壞帳費用以做為該應收款的減項，並不能真正表達該筆應收款最終收到的確實金額。

非營利事業的財務報表中，常見的會計期間為曆年制及會計年度。**曆年制**（calendar year）是以每年一月一日開始，到該年的十二月三十一日止，為編製報表的一個會計期間。舉例來說：台灣大學財務報表就是在曆年制的假設下編製而成。

除此以外，非營利事業也有採用**會計年度**（fiscal year）編製報表。會計年度下之為期十二個月之期間，是以一年中的某月底為結算日。舉例來說：非營利事業可仿效政府的會計年度，以每年八月一日開始到次年的七月

三十一日止，做為該事業編製財務報表之會計期間。

貨幣單位

　　財務報表中表達的所有資訊，都要能夠用貨幣衡量與記錄。換句話說：會計人員從**交易導向**（transaction approach）記錄影響財務狀況之交易事項，且這些事項可合理地用**貨幣單位**（monetary unit）衡量。舉例來說：台灣的非營利事業在資產負債表中，以新台幣做為貨幣單位，表達該事業從開始經營到報表編製的那一天為止，資產、負債與淨資產的累積情況。

　　以貨幣作為會計人員記錄及報告的基本單位時，會產生兩種限制，包含：限制財務報表的報告範圍，以及無法考慮通貨膨脹對財務報表造成的影響。

　　首先就限制報表的報告範圍而言，會計人員無法只用貨幣單位，衡量影響非營利事業現在及未來活動的所有因素。舉例來說：經營者的經營能力、該事業員工的向心力、服務態度、事業競爭對手的強弱，凡此種種都無法用一個大多數人都接受的評價方法準確衡量。

　　接著，就無法考慮通貨膨脹對財務報表造成的影響而言，會計人員編製報表所採用的貨幣單位，常常隨著物價的持續上漲，而不具有實質購買力的穩定性。

　　舉例來說：非營利事業在三十年前以五十萬元買了一筆土地，且三十年後的今天，又用五十萬元購買另一筆土地。就資產負債表而言，該事業的這兩筆土地取得成本，合計為一百萬元。

　　然而，如果這三十年間的物價上漲為四倍，則兩筆土地的真正市場價值，應是舊有土地的市價兩百萬元（五十萬元舊有取得成本的四倍），加上新購土地五十萬元，合計兩百五十萬元。因此，資產負債表中表達的兩筆土地取得成本為一百萬元，並不足以代表該事業土地的真正市場價值。

穩健原則

會計人員編製財務報表時，雖然依據的都是一般公認會計原則，仍然可以選擇不同的假設與評價方法。會計人員選擇這些假設或方法時，**穩健原則**（conservatism）就提供了參考依據。

首先就假設及評價方法而言，會計人員在衡量會計資訊時，可選用五種方法，分別是：歷史成本法、現時成本法、現值市價法、淨變現價值法與淨現金流量法。

計算存貨成本時，也可採用四種方法，包含：**先進先出法**（first in first out, FIFO）、**後進先出法**（last in first out, LIFO）、**平均成本法**（average cost）與**個別認定法**（specific identification）。

除此以外，提列固定資產的折舊費用時，常見的方法有四種，分別是：**直線法**（straight-line method）、**餘額遞減法**（declining-balance method）、**使用年數合計法**（sum-of-the-year method）與其他的**加速折舊方法**（acceleration methods）。

這些方法的詳細說明及使用，為會計人員的專業知識，超出本書所介紹的範圍。本書列舉各種選項之目的，在於強調穩健原則的重要。會計人員面對這麼多的評價方法，穩健原則要求他們在進行選擇時，應以對當期財務報表較為不利之衡量方法為採用依據，以達到穩健之目的。

穩健原則下的具體作法為：在各種評價方法中，選擇產生比較低的資產或比較高負債之評價方法。除此以外，不預計任何收益，且如果有合理基礎可以估計時，應預估產生的損失後，並在報表中表達。

收益實現原則

收益實現原則（realization）為會計人員編製報表時，決定何時應承認收

益並記載的指導原則。認定收益實現的標準有兩項：首先是獲利程序已完成或即將完成，其次則是要有交換發生。舉例來說：佛光山事業出售書籍以取得現金時，就是收益認定的時點。這筆交易屬於交換的交易，因為買方付了錢也交換到想要購買的書籍。

相對地來說，單方面的移轉，例如：善心人士捐贈股票給法鼓山事業，則會計人員將此種股票移轉記錄為**捐贈收入**（endowment income），而不是以**收益**（revenue）認列。

收益認列的時間點，須發生在收益能被合理且客觀決定的時點。前述出售書籍的例子中，採用**銷貨點**（point of sale）認列收益，因為買方一手交錢、賣方一手交書的時間點上，獲利過程完成且交換價值也決定。

在收益認列的時點選擇方面，有時銷貨點認列收益之方法，並不適當。舉例來說：賒銷方式出售房屋，給一位可能無法如期支付的買主時，因為買主拖欠債務之風險始終存在，這種情況下採用收款時**認列收益**（receipt of cash），應比銷貨點承認收益更為恰當。

配合原則

會計人員根據收益實現原則決定收益時，產生該項收益的相關費用就要認列。這種收益及費用同期認列以計算損益的原則，稱為收益與費用配合原則，簡稱**配合原則**（matching）。

充分揭露原則

充分揭露原則（full disclosure）下，會計人員編製報表須用簡潔明確的方法，揭露所有重要資訊，以協助報表使用者下決策。充分揭露原則下，一份完整報表應包含：資產負債表、作業表與現金流量表。

除了上述報表的內容，必須完整與分類清楚外，會計人員將無法在報表

中陳列的重要資訊，用附註方式說明，以增加報表的深度與可讀性。附註所提供的補充說明有三項，分別是：報表採用之會計方法、或有負債與期後事項。

首先，會計人員應說明編製報表時所採用之特殊方法。舉例來說：存貨價值認定，折舊費用攤提，以及衡量會計資訊時的評價方法，都應在附註中說明。

其次，非營利事業的**或有負債**（contingent liabilies）無法合理估計損失金額時，應在報表附註中揭露。或有負債產生的常見原因是訴訟。

舉例來說：鰻魚養殖業者認為，消基會在鰻魚農藥殘留物的研究報導不實，造成養殖業損失，所以走上法院控告消基會。對消基會而言，法官的最終判決對該會不利時，消基會就要賠償鰻魚養殖業者的損失；相對地來說，判決結果對該會有利，則消基會不需賠償。因為在案件審理的過程中，會計人員無法預測該會要不要賠償？要賠多少錢？因此，會計人員選擇在附註中說明此項或有負債。

最後，**期後事項**（subsequent events）指在報表結算日到報表公布日的時間之間，所發生對報表有重大影響的事件。舉例來說：某非營利事業的會計期間採用曆年制，則該事業在二〇〇七年的資產負債表，表達從成立到二〇〇七年底的資產、負債與淨資產累積情況。

該事業的會計人員如果需要兩個月時間，才能完成會計資訊的整理與彙總，並編製報表時，表示報表的公布時間必須遲到二〇〇八年三月一日以後。

上述例子中，從二〇〇七年底到二〇〇八年的三月一日之間，如果該事業發生一些重大事項，例如：房屋因為強烈地震造成嚴重損失，那麼二〇〇七年底的時點來看，地震尚未發生，所以二〇〇七年度的財務報表不需因此而變更；但是因為此期後事項，會對將來的財務報表造成重大影響，所以會

計人員選擇在附註中，用期後事項方式加以表達。

∽應計基礎∾

應計基礎（accrual basis）下的會計人員，依據收益實現原則，在收益發生時將收益與費用的相關金額記錄。會計人員採用應計基礎時，須在會計年度終了時，進行許多科目的金額調整。

舉例來說：非營利事業在年中預付保費兩萬元的一年房屋火災保險，則會計人員在當年底編製財務報表時，就須計算出預付保費剩餘，且可供明年繼續使用的金額一萬元，及今年度已使用的保險費一萬元，並在報表中表達。

除應計基礎外，會計人員還可用**現金基礎**（cash basis）編製報表。現金基礎假設下，只有現金實際收受或支付時，才承認收益與費用。現金基礎看似單純且容易使用，但應計基礎比較能表達非營利事業之財務狀況。因此，會計人員大多不用現金基礎，而用應計基礎記載會計的科目及相關金額。

第 8 節　雙式簿記與借貸法則

非營利事業在經營的過程，面臨各種**交易事項**（transactions），造成該事業之資產、負債與淨資產發生變化時，會計人員將該交易事項記載於**普通日記簿**（the general journal），此種記載稱為**分錄**（journal entry）。

雙式簿記（double-entry）指會計人員記錄每筆交易時，須包含借方及貸方科目。借方及貸方科目有時是一對一關係，表示只有一個借方科目及一個貸方科目。除此以外，一筆交易的借方及貸方科目，可以是一筆借方科目對多筆貸方科目，多筆借方科目對一筆貸方科目，甚至是多筆借方科目對上多

筆貸方科目。不論借方及貸方科目有多少，同筆交易的借方所有科目加總金額，必須等於貸方所有科目加總金額。

舉例來說：基金會用現金五萬元購買設備。會計人員面對這筆交易時，首先確定現金減少及設備增加這兩件事之中，何者為**借記**（debit）？何者為**貸記**（credit）？決定借方及貸方科目並附上相關金額後，就記載此交易分錄。

會計學的借記與貸記常使華人困惑，理由在於對華人而言，借與貸本是相同的意義，都代表了借。舉例來說：貧窮秀才為了赴京趕考，只好向親友告貸，「貸」是指借錢，不是貸記。現代日常生活常聽人說：房貸有一千萬元，代表以房屋當抵押向銀行借一千萬元，所以「房貸」也是借錢，不是貸記。最後，年輕人常說：因為缺錢而向父母親借貸度日，此處的「借貸」被看成是一個動詞，指的就是借錢，不是貸記。

既然借記與貸記不易使華人瞭解，那麼要如何解釋才好呢？我們可將借記看成「借入」，貸記看成「貸出」。以現金的進與出為例：借記代表我向外人「借入」資源，貸記則是我將錢「貸出」給需要的人。舉例來說：基金會用現金五萬元購買設備時，設備對該會來說就是「借入」的資源。該會支付現金給賣方，所以該會「貸出」現金給設備賣方。

對基金會而言，購買設備後就擁有這項資產，為什麼會計人員卻用借入的「借」這個字呢？因為任何有形物，都是借來與借去。舉例來說：你現在口袋裡有很多錢，也擁有房子，如果有天兩腿一伸往生去了，這些資產你都帶得走嗎？如果有形物都帶不走，那麼資產對你來說，不是「借」又是什麼呢？雖然從法律的觀點來看，別人強占你的資產就是違法，然而有形物來來去去，其實都是「借」，所以佛家常說：「萬般帶不走，惟有業隨身」，就是這個道理。

會計人員區別出設備交易之借記、貸記與相關金額後，就在普通日記簿

記載,首先寫下借方科目及相關金額,接著在借方科目之下一行空兩格後,再寫上貸方科目及金額,分錄之說明如下:

　　設　備　　　　　　50,000
　　　　現　金　　　　　　　　　50,000

本章第六節的第六號財務會計概念公報中,說明非營利事業報表的七項會計要素,分別是:資產、負債、淨資產、收益、費用、利得與損失。利得與收益的差異,在於核心業務的認定不同,但這兩項要素都可為事業換取資產流入或負債清償,所以利得與收益在借記與貸記的認定相同。同樣的道理,損失與費用在借記與貸記的認定也相同。

為了簡化說明借記與貸記,以下僅討論資產、負債、淨資產、收益與費用等五項要素。本章以基金會購買設備的例子,說明資產減少(現金支付)為貸出方,視為貸記。資產增加(買入設備)為借入方,視為借記。

就負債的借記與貸記來說,基金會用現金十萬元,清償部份的房屋借款給貸款銀行呢?資產減少(現金支付)應為貸出方,視為貸記。因為每筆交易必須有借方與貸方,一對一交易確定了貸方科目後,剩下的一方就為借方科目,所以負債減少為借入方,應為借記。交易分錄說明如下:

　　房屋借款　　　　　100,000
　　　　現　金　　　　　　　　100,000

就淨資產(基金)的借記與貸記而言,善心人士捐款五十萬元給基金會,則該會的現金增加五十萬元,為借入方視為借記。一對一交易的基金科目增加就應為貸出方,視為貸記。交易分錄說明如下:

　　現　金　　　　　　500,000
　　　　基　金　　　　　　　　500,000

關於資產、負債與淨資產的借記與貸記,除透過現金收取與支付之解說外,也可運用會計恆等式加以說明。本章第三節曾指出資產負債表中的資產,必須等於負債加上淨資產,寫成數學恆等式就是:資產＝負債＋淨資產。

雖然從會計恆等式的數學式來看,資產不論在等號的左邊或右邊,都無損於等式平衡,但是資產在恆等式中,必須列在等號左邊,其原因為資產是借方要素,任何交易只要造成資產增加,則增加的資產就是借記。相對地來說,負債及淨資產在恆等式右邊,代表這兩種項目都是貸方要素,所以任何交易只要造成負債或淨資產增加,增加的負債是貸記,增加的淨資產(基金)也是貸記。

討論完資產、負債與淨資產的借記與貸記後,接著說明收益之借記與貸記認定。舉例來說:台灣大學向學生收取學雜費三萬元,則該校持有的現金也因此而增加。現金增加代表資產增加,應為借入,視為借記,所以收益增加就是貸出,應為貸記。交易記錄列示如下:

現　金　　　　　　　30,000
　學雜費收入　　　　　　　30,000

最後,在費用的借記與貸記區別方面,基金會用現金一萬元支付管理費,因為管理費增加造成該會的現金減少,所以現金減少是貸出,視為貸記,而費用增加就是借入,視為借記。交易分錄記載為:

管理費　　　　　　　10,000
　現　金　　　　　　　　　10,000

表 3.4 為五項會計要素的借貸法則表,交易事項只要造成資產增加、負債減少、淨資產減少、收益減少以及費用增加,則該項改變科目在交易分錄中都是借入,應為借記。換個方向來說,任何交易如果造成資產減少、負債增加、淨資產增加、收益增加以及費用減少,則該項金額變動的科目都是貸出,應為貸記。

表 3.4　借貸法則表

借入方（借記，debit）	貸出方（貸記，credit）
資產增加	資產減少
負債減少	負債增加
淨資產減少	淨資產增加
收益減少	收益增加
費用增加	費用減少

第 9 節　會計循環與財務報表

會計人員須提供即時的資訊給經營者，所以有會計期間假設。在會計期間之間，會計人員面對各式各樣的交易記錄，透過會計循環之步驟，記錄資訊與彙整成報表，並將報表提供給經營者與其他使用人。然後，在下一個會計期間，會計人員繼續透過會計循環記錄與彙整新資訊。如此工作的類型與步驟，每年不斷地循環與重複。

會計循環（Accounting cycle）有六個步驟，分別是：分錄、過帳、試算、調整、結帳與編製報表。本節採用第二節法師故事的七筆交易記錄，說明此六種步驟，並依據這些交易記錄，編製屬於祇園基金會的財務報表。

分　錄

分錄（journalizing）為會計循環的第一步驟。交易發生時，會計人員先決定交易的性質，屬於買方還是賣方？接著決定影響的科目及金額。然後依據上節之借貸法則表，選擇借記或是貸記該項目，並將交易記載在普通日記簿。前述所有過程，就稱為分錄。

本節用法師故事說明七筆交易的**交易分錄**（journal entry）。為了簡化說

明，以下依據每筆交易之產生順序予以編號，並將交易記錄區別借方科目、貸方科目及相關金額，而不是如同會計人員一般，以實際發生的月日，記錄交易在正式的普通日記簿。

基金會成立第一年之第一筆會計記錄，就是收到善心人士的三十萬元捐款。該筆捐款有十五萬元僅能用在寺廟興建或購買講堂，所以是限制基金；至於剩下的十五萬元沒有指定用途，則為非限制基金。為了簡化會計科目，本節不針對限制基金另設「廠房更新與擴充基金科目」，而僅將此筆捐款歸類為限制基金。

會計人員針對這筆分錄，除了在分錄前用小括號（1）註明這是第一筆交易外，並依前述表 3.4 之借貸法則表，將三十萬元現金資產增加記載為借方科目，至於其他兩類型的基金淨資產增加，則記載為貸方科目。該筆分錄以下列方式表達：

（1）現　金　　　　　　　　　300,000
　　　限制基金　　　　　　　　　　　　　150,000
　　　非限制基金　　　　　　　　　　　　150,000

有了經費之後，基金會的第二筆交易就是購買講堂。這筆購買交易中，該會用非限制基金的十萬元現金，加上向銀行舉借的四十萬元，購買市價五十萬元的建築物。交易分錄說明如下：

（2）建築物　　　　　　　　　500,000
　　　應付抵押借款　　　　　　　　　　400,000
　　　現　金　　　　　　　　　　　　　100,000
　　　限制基金撥出款　　　100,000
　　　　限制基金撥入款　　　　　　　　100,000

第二筆交易因為購買講堂符合限制基金之使用條件，所以基金會以「限制基金撥出款」科目，做為原有限制基金的減項科目。此時，該會原來持有之十五萬元限制基金，購買講堂用掉十萬元後，只剩下五萬元。會計人員記載限制基金撥出款之目的，在於提供即時資訊給經營者，以瞭解限制基金的變動狀況。

　　接著的第二筆交易中，「限制基金撥入款」之科目屬於非限制基金增加的科目，此時該會的非限制基金持有金額，由原有十五萬元加上限制基金轉入之十萬元後，增加為二十五萬元。

　　會計人員處理此筆建築物的交易記錄時，將限制基金十萬元轉入非限制基金的原因，在於基金會並不是以買賣房地產為主要營業項目。對該會而言，動用限制基金購買講堂後，已符合善心人士的捐款要求，且基金會可能在未來三十年，甚至五十年內，都不會處分該筆建築物資產。因此，會計人員將限制基金的十萬元轉入非限制基金。

　　如果將來基金會處理建築物資產而獲得現金時，則交易分錄應再由非限制基金轉回限制基金嗎？不必。會計人員大多將該筆所得記載在非限制基金之項目內，而不會翻出陳年舊帳，確認購買該講堂的資金來源後，將賣屋所得重新歸類在限制基金的增加項。

　　關於本筆交易之限制基金與非限制基金的移轉分錄，是非營利事業特有且常見之會計分錄，此類型分錄不會出現在營利事業。營利事業的淨資產主要來源是股東投資，而不是各方捐款。因為資金來源不同，所以營利事業的會計分錄中，看不到限制基金與非限制基金的移轉分錄。

　　基金會購買講堂後，接著用現金二萬元購買設備。設備的耐用年限超過一年，所以屬於長期資產；但因購買金額不大，在效益大於成本的原則下，會計人員不需對此項設備攤提折舊費用。

　　該筆交易為基金會成立第一年之第三筆交易，交易分錄如下：

（3）設　　備　　　　　　　20,000
　　　現　　金　　　　　　　　　　　　　20,000

第四筆交易中，另一位善心人士捐贈五千元辦公室用品給法師使用。辦公用品的金額比較小，也大多在一年內可以使用完畢，所以會計人員將此項捐贈以「辦公用品費」認列。交易分錄表示如下；

（4）辦公用品費　　　　　　5,000
　　　捐贈用品　　　　　　　　　　　　5,000

有了講堂、設備與辦公用品後，基金會向出版社購買書籍做為講堂的使用教材。法師與出版社協商的結果，現在先不支付書籍的錢，等書籍出售完畢，且得到貨款五千元後，才一次付清給出版社。書籍為「存貨」科目，因為以賒購方式購買書籍，所以用「應付帳款」科目，做為基金會短期負債項目下的子科目。會計分錄記載如下：

（5）書籍存貨　　　　　　　5,000
　　　應付帳款　　　　　　　　　　　　5,000

基金會的第六筆交易一萬元，是經營過程中支付管理費而產生，此種開銷包含水費、電費與其他雜項費用，分錄如下所示：

（6）管理費　　　　　　　　10,000
　　　現　　金　　　　　　　　　　　　10,000

最後，基金會購買的建築物，在未來長期使用時會逐漸老化，所以法師聽從一位瞭解會計學的朋友建議，將建築物在經營的第一年結束時，提列二萬元折舊費。這是故事中的第七筆交易記錄、也是最後一筆記錄，分錄記載如下：

（7）折舊費　　　　　　　　　20,000
　　　累積折舊　　　　　　　　　　　　20,000

　　以上說明基金會在第一年經營的七筆交易分錄後，本節進一步將這些分錄予以分類。對非營利事業的會計人員而言，記載於普通日記簿的各種分錄中，常見分錄有七種類型。這七大類型分錄可用會計五項要素：資產、負債、淨資產、收益與費用，加以區分。

　　上述五項會計要素，構成資產負債表與活動表的重要組成。資產負債表的 T 字帳表達方式，曾在本章第三節的台灣大學報表中予以說明，T 字帳的資產負債表中，資產列在報表左邊，負債及淨資產則列在報表右邊。至於活動表的表達方式，則一般是收益列在報表上方，費用列在收益下方，然後計算當期收支餘絀。

　　第一類型交易分錄，牽涉到資產負債表的單邊科目變動，且右邊負債與淨資產不改變，左邊資產等量改變。分錄例子為基金會的第三筆交易，該會用現金購買設備，屬於資產中的現金短期資產減少，設備長期資產增加。

　　第二類型的交易分錄，也牽涉到資產負債表的單邊科目變動，但此時左邊資產不改變，右邊負債與淨資產等量改變。此類型分錄在第二筆交易的下半筆交易中，淨資產組成的限制基金轉入非限制基金，就是屬於此類型交易。

　　除此以外，非營利事業因為經營不善或週轉失靈，透過與債權銀行的債務協商機制，將原本積欠銀行的短期負債轉成長期負債。在協商過程中，該事業的資產與淨資產都不變，只是單純地在負債方面由短期轉成長期，這種負債移轉的會計分錄，也是屬於第二類型分錄。

　　第三類型分錄還是只有資產負債表的科目變動，但是變動已經變成左右兩邊的變動，且只變動兩個科目。例子中的第五筆交易中，基金會用賒購方式購買書籍存貨，就是屬於第三類型分錄。這筆交易在資產負債表的左邊，

因為購買書籍造成該會的資產增加；另方面則是用賒購，產生應付帳款增加，所以造成右邊負債增加。

第四類型分錄牽涉到活動表的收益及費用科目變動。舉例來說：第四筆交易的辦公用品費來自捐贈，就是屬於這類型的分錄。辦公用品捐贈為非限制基金的收入來源之一，另方面辦公用品支出則為當年度之費用。

第五類型分錄為同時影響資產負債表與活動表，且該交易分錄只變動兩個科目。舉例來說：第六筆交易用現金支付管理費，就屬於此類型分錄。現金減少代表資產負債表的資產減少，管理費增加則代表活動表的費用增加。

第六類型分錄為資產負債表的左邊資產、右邊負債與淨資產，兩邊皆有改變，且同時變動兩個以上（不含兩個）科目。舉例來說：基金會的第一筆及第二筆交易，就屬於本類型分錄。

第一筆分錄表達該會收到現金三十萬元捐款，造成資產負債表的現金資產增加，而捐款來源在於右邊淨資產的限制基金及非限制基金科目，所以此筆分錄包含三個科目及資產負債表之左右兩邊變動。

第二筆交易中，基金會購買市價五十萬元的建築物，造成資產負債表左邊資產的建築物金額增加；但這筆交易使現金減少十萬元與銀行借款增加四十萬元，所以也造成右邊應付抵押借款科目的負債金額增加。除此以外，第二筆交易不但造成資產與負債之改變，也同時影響淨資產的限制基金與非限制基金移轉，所以第二筆交易雖然只牽涉到資產負債表的科目變動，卻同時影響五個科目及該表之左右兩邊。

最後，第七類型交易分錄為在資金變動過程中，同時影響資產負債表與活動表，且變動兩個以上（不含兩個）科目。基金會七筆交易的最後一筆，就屬於這種類型分錄。

第七筆交易中，該會在會計年度終了時，提列建築物及設備之折舊費。折舊費屬於活動表的當期費用增加，而累積折舊科目的金額增加屬於資產減

項,為該會資產負債表的左邊資產變動。第七項交易分錄中的影響科目有三個,且同時影響到該會的資產負債表及活動表,所以屬於第七類型分錄。以上探討,說明非營利事業普通日記簿中的七種常見分錄類型,探討結果列於表 3.5。

表 3.5　非營利事業的七種類型會計分錄

分類	說　明	釋例
一	資產負債表的右邊負債與淨資產不改變,左邊資產等量改變。	(3)
二	資產負債表的左邊資產不改變,右邊負債與淨資產等量改變。	(2)下
三	資產負債表的左邊資產、右邊負債及淨資產,兩邊都有改變,且只變動兩個科目的金額。	(5)
四	活動表的收益與費用變動,且只變動兩個科目的金額。	(4)
五	資金變動過程中,同時影響資產負債表與活動表,且只變動兩個科目的金額。	(6)
六	資產負債表的左邊資產、右邊負債與淨資產,兩邊皆有改變,且同時變動兩個以上(不含兩個)科目的金額。	(1)、(2)
七	資金變動過程中,影響到資產負債表與活動表,且同時變動兩個以上(不含兩個)科目的金額。	(7)

▶說明:小括號內的數字,代表本書基金會例了的各項交易。舉例來說:(3)代表第三筆交易。

過　帳

會計循環的第二步驟稱為**過帳**(posting),過帳就是針對每個會計科目設立單一分類帳戶,並將分錄所影響之科目金額及借貸方向,分類並集中歸類在各個子帳戶。

過帳的重要性,在於可立即得知子帳戶經歷所有交易後之彙總影響。舉例來說:本章的法師故事中,會計人員記錄基金會的七項交易分錄後,法師如果希望瞭解過去一年的現金科目流動情況,及目前還剩多少現金時,則會計人員只有經由過帳編製出**總分類帳**(general ledger),才能立即將現金資訊提供給法師參考。

為簡化說明過帳,本書在分類帳的表達方式採用 T 字帳戶,而不是標準帳戶式帳本。T 帳戶式的分類帳包含左右兩邊,左邊代表分錄的借方,右邊代表分錄的貸方。基金會之現金分類帳,說明如下:

表 3.6 的分類帳左邊借方,有現金增加各為十五萬元的兩筆記錄,且都來自於第一筆交易。經過翻查普通日記簿,會計人員找出現金增加的原因是善心人士捐款。

分類帳右邊的貸方第一筆記錄,代表第二項交易中,該會現金用掉了十萬元,此項現金減少是為了購買建築物。接著,第二筆記錄為第三項交易的現金減少二萬元。經會計人員追查原因,是因購買設備而支付。最後,第三筆記錄為第六項分錄中,支付管理費而用掉現金一萬元。

表 3.6　祇園基金會之現金分類帳

現 金	
(1) 150,000	(2) 100,000
(1) 150,000	(3)　20,000
	(6)　10,000

會計人員將上述現金科目的所有交易記錄,都歸類在現金分類帳時,就很清楚知道基金會現金還剩下十七萬元。因為現金分類帳的左邊,代表該會第一年經營獲得三十萬元,扣掉分類帳右邊的十三萬元後,剩餘十七萬元就是會計年度終了時的現金結餘。

以上討論僅就基金會的十四個分類帳中，選取最複雜的現金分類帳說明，讀者可將該會的其他十三個會計科目，仿照本節介紹的表達方式，列出各科目相對應之分類帳。

除了現金科目外，基金會的其他十三個會計科目，包含：書籍存貨、建築物、建築物累積折舊、設備、設備累積折舊、應付帳款、應付抵押借款、非限制基金、限制基金、捐贈用品、辦公用品費、管理費與折舊費。

∞試　算∞

會計循環的第三步驟為**試算**（taking trial balance），試算就是將各分類帳的借方與貸方總額相抵後之餘額，彙總列入**試算表**（trial balance），以驗證會計循環的分錄與過帳工作是否有誤。

非營利事業試算表相對於營利事業而言，複雜許多。原因在於非營利事業的試算表，是依淨資產之基金種類不同，而分別編出試算表。舉例來說：本章第六節曾指出非營利事業的基金項目，常見有六種，分別是：非限制基金、特殊目的基金、捐贈、廠房更新與擴充、年金基金與分支機構基金。因此，大型非營利事業在編製試算表時，就需依據基金種類之不同，而編列六張以上的試算表。

相對來說，大型營利事業如鴻海精密，該公司淨資產的來源單純，是以股東購買的股票為主，所以該公司編製試算表時，僅須編製一張試算表。

本節採用確實的科目與金額，說明非營利事業試算表時，是以本章的基金會做為例子，故事中的淨資產組成只有兩種基金，包含非限制基金及限制基金。因此在編製試算表時，會計人員將分錄與過帳中之所有會計科目及金額，從非限制基金及限制基金的角度加以區分。

舉例來說：本章上一節現金分類帳釋例中，會計人員不能將該分類帳之借方總額三十萬元，扣掉貸方總額十三萬元後，以借貸相抵的十七萬元記載

在試算表。原因在於現金的借方總額三十萬元，包含：限制基金十五萬元，及非限制基金十五萬元。

因此，面對現金總分類帳，且要編製試算表時，會計人員必須問自己一個問題：從非限制基金十五萬元的角度來看，基金會在二〇一〇年度的經營中，到底動用多少錢？

經過比對分錄之後，會計人員瞭解到非限制基金的支出方面，包含：第三筆交易的二萬元及第六筆交易的一萬元。所以在非限制基金的試算表中，現金科目餘額是十二萬元，因為借方十五萬元扣掉貸方合計三萬元，剩餘金額為借方的十二萬元。

編製試算表時，除了現金科目必須留意之外，其他科目歸屬於各個試算表之依據，要看該科目是否造成特定基金之金額變動而定。舉例來說：書籍存貨及設備，都是動用非限制基金的現金購買，所以書籍及設備的借貸相抵後淨額，就列示在非限制基金的試算表。

相同的原因，建築物是動用限制基金購買，所以建築物及建築物累計折舊，以及購買建築物而產生的應付抵押借款，這些科目借貸相抵後之淨額，就列示在限制基金的試算表。

最後，試算表的表達方式中，會計人員需要在表的上方表明基金會的全名、基金種類、試算表計算日期與該表使用的貨幣單位。然後在試算表的會計科目排序方面，依照資產、負債、收入與費用的順序排列，並在這些會計要素的相關科目中，流動性高的科目放上面，接著是次高科目，然後類推。

以下說明基金會第一年的經營中，會計分錄產生之兩張試算表，分別是表 3.7 之非限制基金試算表，及表 3.8 之限制基金試算表。表 3.7 的非限制基金貸方之中，該會在二〇一〇年收到個人捐款十五萬元，捐贈用品五千元，以及書籍存貨而增加的應付帳款五千元，合計十六萬元。

表 3.7　祇園基金會的非限制基金試算表

祇園基金會
非限制基金
2010 年 12 月 31 日

金額：元

會計科目	借　方	貸　方
現　　金	$120,000	
書籍存貨	5,000	
設　　備	20,000	
應付帳款		$5,000
捐款——個人		150,000
捐贈用品		5,000
辦公用品費	5,000	
管理費	10,000	
合　　計	$160,000	$160,000

　　另方面，表 3.7 的非限制基金借方之中，該會收到捐款十五萬元，在當年度用兩萬元購買設備，一萬元支付管理費後，還剩下現金十二萬元。除了這些科目的變動外，借方還包含當年度增加的書籍存貨五千元，以及辦公用品費用五千元，合計十六萬元。

　　表 3.8 的限制基金貸方部份，該會在二○一○年收到個人捐款十五萬元，加上購買建築物而增加的應付抵押借款四十萬元，建築物累積折舊二萬元，以及限制基金撥入款十萬元，合計六十七萬元。

　　限制基金撥入款為限制基金撥出款的相對應科目，所以列在限制基金試算表的貸方。限制基金撥出款為限制基金的減項，在編製試算表時為了借貸平衡，所以即使限制基金撥入款為非限制基金的增加科目，會計人員仍將限制基金撥入款的科目及金額，放在限制基金試算表。

表 3.8 祇園基金會的限制基金試算表

祇園基金會
限制基金
2010 年 12 月 31 日　　　　　　　　　金額：元

會計科目	借　方	貸　方
現　金	$50,000	
建築物	500,000	
累積折舊——建築物		$20,000
應付抵押借款		400,000
捐款——個人		150,000
限制基金撥入		100,000
限制基金撥出	100,000	
折舊費	20,000	
合計	$670,000	$670,000

另方面，在表 3.8 的限制基金借方部份，該會收到捐款十五萬元，並在當年用十萬元購買建築物後，還剩下現金五萬元。除了這個科目的變動外，借方還包含當年度增加的建築物五十萬元，限制基金撥出十萬元，及折舊費用兩萬元，合計六十七萬元。

上述表 3.7 中，非限制基金的借方總額十九萬元等於貸方總額，且表 3.8 的限制基金之借方總額也等於貸方總額六十七萬元，這樣的結果，是不是代表會計人員在分錄、過帳與試算的三個步驟中，沒有任何錯誤呢？不盡然！

試算表的借方金額不等於貸方金額時，則會計人員必然在會計循環的前三步驟中有犯錯，此時會計人員應該從後往前查核。亦即先看試算表是否計算錯誤？接著查分類帳，最後看普通分類簿的交易分錄，是否有任何的人為錯誤？

而在試算表平衡的前提下，會計人員仍然可能犯下兩種常見錯誤。首先

是在試算過程中,發生借貸同時遺漏的錯誤。例如:表 3.6 中沒有同時將第五筆交易的書籍存貨,與相對應的應付帳款五千元放入試算表時,則非限制基金的借方金額等於貸方金額十五萬五千元。雖然試算表平衡,但會計人員卻犯了錯。

其次,會計人員也可能在編製試算表時,借貸同時重複記載而犯錯。舉例來說:第五筆交易的書籍存貨與相對應的應付帳款只有一筆交易,但是會計人員在試算表中重複記載兩次。此時試算表仍舊平衡,但是在非限制基金試算表中,借方與貸方的十六萬五千元金額,並不正確。

調 整

調整(adjusting)為會計循環的第四步驟。會計人員於會計期間終了辦理交易記錄之結算時,須進行調整工作。調整在於使分類帳之帳面餘額更能與實際情形相符。

應計基礎下,會計人員的調整事項有三種類型。分別是:應計項目、遞延項目與估計項目的調整。就應計項目調整而言,包含應收收益與應付費用的調整。舉例來說:電話費支出都是等到月底且確定該月費用後,電信公司才寄出電話費帳單。會計人員在年底編製報表時,可能十二月的電話費已經發生一千元,但尚未收到電話費帳單,也還沒有支付。因此,應付電話費的調整分錄說明如下:

   12/31 電話費   1,000
        應付電話費   1,000

第二種調整分錄,為預收收益及預付費用的遞延項目調整。舉例來說:非營利事業為房屋投保火災險,而在七月一日預付一年保費一萬元。在年底會計期間終了時,會計人員計算出當年用掉的保費五千元,並且進行調整。調整以後,該事業短期資產的預付保費科目,由原有之一萬元減少為五千

元,以提供給下年度的前半年使用。此項年終調整分錄,如下所示:

　　12/31　保險費　　　　5,000
　　　　　　預付保費　　　　　5,000

第三種調整分錄為估計項目的調整。非營利事業常見的估計項目,包含:折舊費用與應收捐款之壞帳費用調整。舉例來說:建築物在年底時,估計折舊費為二萬元,分錄表達於下方:

　　12/31　折舊費　　　　20,000
　　　　　　累積折舊　　　　　20,000

結　帳

會計循環的第五步驟為**結帳**(closing)。結帳是會計期間終了時,會計人員針對各分類帳,分別計算借貸相抵之餘額後,將餘額以結清或結轉下期的方式,結束各分類帳。

帳戶需要結清或結轉?牽涉該帳戶是實帳戶還是虛帳戶的認定。**實帳戶**(permanent accounts)為資產負債表科目之相關帳戶,舉例來說:現金分類帳就是實帳戶,應付抵押借款的分類帳也是實帳戶。非營利事業在永續經營的假設下,會計期間終了後的各實帳戶餘額,大都不會等於零,且這些帳戶及相關金額必須移轉到下期,繼續使用。

以本章的祇園基金會為例,該會第一年經營的建築物資產取得成本為五十萬元。在當年度會計期間終了時,建築物帳面價值扣掉折舊費兩萬元後,剩下四十八萬元。此四十八萬元帳面價值就會在下一年度開始時存在,並繼續經營與使用。

虛帳戶(temporary accounts)為活動表之科目,也就是收益與費用這兩個會計要素的相關科目。當年度的收益及費用等分類帳戶,都應在會計期間終了時,透過結帳工作予以結清。然後結清的帳戶及金額,再結轉到資產負

債表的基金帳戶。

　　換句話說，結帳工作完成後，收益與費用等會計要素下的分類帳餘額為零，該帳戶消失且不再存在。等到下個會計年度開始，會計人員針對新的交易記錄，重新設立各個收益與費用帳戶，且各分類帳從零開始記錄。

編製報表

　　會計循環的最後步驟為**編製報表**（preparing financial statements）。編製非營利事業的報表時，會計人員先從淨資產的各個基金開始著手，並根據收益及費用帳戶而**編製活動表**（Statement of Activities）。

　　活動表編製結束後，就確認資產負債表的本年度淨資產變動情形，此時會計人員接著依據淨資產、資產及負債的分類帳資料，編製資產負債表。最後，為了針對現金科目加以分析，所以編列**現金流量表**（Statement of Cash Flow）。

活動表

　　活動表是表達特定會計期間中，非營利事業在基金、收益與費用三者間的變動情形。活動表代表特定期間之資料，所以屬於「動態」報表。活動表格式中包含標題（heading），說明該事業的名稱，報表資訊涵蓋的時間範圍。

　　表 3.9 為本章的祇園基金會例子中，該會在二〇一〇年度的活動表。此表在編製時，需先參考本年度的非限制基金試算表，及限制基金試算表。接著從會計分錄中，確認限制基金及非限制基金的支付情形，然後彙整並編表。

　　表 3.9 需特別說明的一點是「限制基金出入」這個項目，限制基金出入屬於淨資產中各種基金間的**移轉**（inter-funds transfer），且此項目相較於營利

事業而言，為非營利事業所特有。

限制基金出入這個科目的產生原因，為該會運用十萬元限制基金，加上向銀行舉借的現金四十萬元，合計五十萬元購買建築物。限制基金動用後就轉為非限制基金，所以表 3.8 的非限制基金在該年增加十萬元，而限制基金則減少了十萬元。

表 3.9　祇園基金會活動表

祇園基金會
活動表
2010 年 1 月 1 日～12 月 31 日　　　　金額：元

各個項目	非限制基金	限制基金	合　計
捐款——個人	$ 150,000	$ 150,000	$ 300,000
捐贈用品	5,000	0	5,000
限制基金出入	100,000	−100,000	0
收入總計	$ 255,000	$ 50,000	$ 305,000
辦公用品費	5,000	0	5,000
管理費	10,000	0	10,000
折舊費	0	20,000	20,000
費用總計	$ 15,000	$ 20,000	$ 35,000
淨資產增減	$ 240,000	$ 30,000	$ 270,000

資產負債表

祇園基金會的活動表編製完成後，代表該事業在本年度淨資產變動中，非限制基金增加二十四萬元以及限制基金增加三萬元。因為這是該會成立後的第一年資料，在二○一○年以前該會並沒有任何基金的餘額，所以會計人員就將前述表 3.9 的基金餘額，直接結轉後進入表 3.10 的資產負債表。

填寫完資產負債表的淨資產項目後，會計人員接著依據該會在當年度購

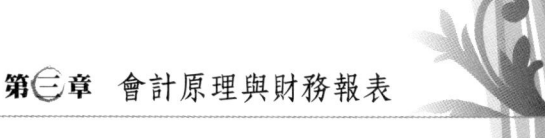

置的資產以及新增改變的負債等分類帳,編製二〇一〇年的資產負債表。資產負債表為長期的經營累積下,在特定一天的資產、負債以及淨資產之各會計科目與相關金額。在本章的基金會故事中,因為這是該會第一年的經營成果表達,在今年以前基金會尚未成立,所以資產負債表的所有項目都是從零開始。

表 3.10　祇園基金會的資產負債表

祇園基金會
資產負債表
2010 年 12 月 31 日　　　　金額:元

資產:		負債與淨資產:	
現金	$ 170,000	負債:	
書籍存貨	5,000	應付帳款	$ 5,000
設備	20,000	應付抵押借款	400,000
建築物淨額	480,000	負債總額	$ 405,000
		淨資產:	
		非限制基金	240,000
		限制基金	30,000
		基金合計	$ 270,000
資產總計	$ 675,000	負債與淨資產合計	$ 675,000

在第一年的會計年度結束後,會計人員重新編製資產負債表時,就是該表中各會計科目的期初金額,加上下年度的改變金額,變成下年度的期末金額後,才填寫入下年度的資產負債表。

資產負債表的格式包含標題:說明該事業的名稱,報表類型與該報表在特定日的會計資訊。表 3.10 為祇園基金會例子中,該會在二〇一〇年十二月三十一日的資產負債表。該表資產是以現金的流動性最高,所以放在最上面。四項資產科目以建築物的流動性最低,所以放在最下面。除此以外,建

築物淨額代表建築物取得成本五十萬元，扣掉累積折舊二萬元後所剩餘的帳面價值。

同樣的排序方法，資產負債表右邊代表負債與淨資產之累積情況。會計人員將負債寫在淨資產上方，並依流動性高低將相關科目排序。

現金流量表

本章最後說明祇園基金會的現金流量表，現金流量表的編製，比活動表與資產負債表複雜，所以本章不介紹此表之編製過程，而將說明重心放在現金流量表的基本結構。

表 3.11 為基金會在二○一○年的現金流量表，說明當年資產負債表中，現金科目由期初零元變成期末十七萬元的原因，所以現金流量表與活動表相似，都是屬於「動態」的報表。

表 3.11　祇園基金會的現金流量表

祇園基金會
現金流量表
2010 年 1 月 1 日～12 月 31 日　金額：元

業務活動	
本期剩餘	$ 270,000
折舊費用	20,000
業務活動現金流量	$ 290,000
投資活動	
購買建築物	−100,000
購買設備	−20,000
投資活動現金流量	$ −120,000
融資活動	
融資活動現金流量	$ 0
現金淨流量	$ 170,000

現金流量表的內容由三大部份構成,分別是:業務活動現金流量,投資活動現金流量,以及融資活動現金流量。表 3.11 中之基金會,在二○一○年的基金淨增加金額,根據表 3.9 的活動表所示,為非限制基金餘額二十四萬元,加上限制基金餘額三萬元後,合計二十七萬元。

因為折舊費的攤提只是帳目變動,並不牽涉到現金支付,所以該會在當年度的業務活動現金流量,等於基金淨增加金額,加折舊費用二萬元後,合計淨增加二十九萬元。

基金會在二○一○年的投資活動現金流量,為購買建築物的十萬元,與購買設備的二萬元,合計十二萬元。最後,該會在融資活動方面,並沒有任何現金流量。

會計人員將上述現金流量加總後,代表在二○一○年的經營中,基金會的現金淨增加金額為十七萬元。此金額等於該年資產負債表中,現金科目的期初與期末金額相抵後之餘額。除此以外,現金流量表也說明現金項目變動的改變原因及相關金額。

習 題

3.1 非營利事業的基本財務報表有三種,請依其重要性排序後,加以說明。

3.2 非營利事業的資產、負債與基金,請說明在會計學的定義。

3.3 何謂非營利事業的資產負債表?作業表?現金流量表?

3.4 美國的財務會計準則委員會,主要發行四種公報,請說明。

3.5 美國的財務會計第二號概念公報中,說明會計資訊與決策有關的兩項品質為何?請說明。

3.6 美國的財務會計第二號概念公報中,說明可靠的會計資訊,必須由三方面構成,請說明。

3.7 美國的財務會計第四號概念公報中,說明非營利事業財務報表之七項目的,請簡要說明。

3.8 美國的財務會計第五號概念公報中,說明財務報表在編製過程中,會計資訊通過成本效益的限制及重要性門檻後,還必須達到四項標準,才可在財務報表認列。請說明這四項標準。

3.9 美國的財務會計第五號概念公報中,說明會計資訊的衡量方法有五種,請說明。

3.10 美國的財務會計第六號概念公報中,說明與企業績效衡量有關的十項要素,請說明。

3.11 何謂會計學中的收益與費用?

3.12 何謂會計學中的利得與損失?

3.13 非營利事業中,常見的限制基金有五種類型,請說明。

3.14 何謂事業個體假設,請說明。

3.15 財務報表的附註,提供的補充說明有三項,請說明。

3.16 何謂雙式簿記?請說明。

3.17 會計循環的步驟有六項，請說明。

3.18 何謂分錄？請說明。

3.19 應計基礎下，會計人員的調整事項有三種類型，請說明。

3.20 會計循環的第五步驟是結帳，請說明。

第四章
財務分析

第 1 節　非營利事業財務報表的經濟功能

第 2 節　台灣大學的財務報表

第 3 節　財務報表分析方法

第 4 節　台灣大學的財務比率分析

第 5 節　台灣大學與史丹福大學的財務報表比較

第 6 節　財務規劃的過程

第 7 節　財務計畫

▶▶▶▶習　題

財務分析是以財務報表為出發點，用有系統的方式對非營利事業之經營情況，進行分析與瞭解，以協助經營者制訂決策。方法上常見的有：財務比率分析及財務規劃兩大類型。本章以台灣大學及美國的史丹福大學為例，說明財務比率分析方法的應用；而在財務規劃方面，則說明規劃的過程、注意事項及規劃後所產生的財務計畫。

　　本章包含七小節。第一節說明財務報表的經濟功能。第二節簡介台灣大學的財務報表。第三節為財務報表分析方法的說明。第四節以台灣大學的資料為依據，進行財務報表分析。第五節比較台灣大學與美國史丹福大學的財務報表。第六節為財務規劃的過程說明。最後，第七節探討財務計畫中常見的四個重要子計畫。

第1節　非營利事業財務報表的經濟功能

　　非營利事業的財務報表具有三項**經濟功能**（economic functions）。第一項經濟功能，在於財務報表對經營者、債權人、社會善心人士與政府主管機關而言，可以表達非營利事業過去及現在的財務狀況。本書第三章說明基金會的基金，相當於該會積欠所有善心人士的人情債，所以經營者必須透過財務報表，瞭解過去及現在的財務狀況。

　　就債權人而言，例如第三章的祇園基金會例子中，該會向銀行借四十萬元買建築物時，債權銀行需對基金會的財務報表進行分析，並要求法師提出完善的還款計畫。

　　就政府管理當局而言，則應分析非營利事業的財務報表，予以有效管理。舉例來說：二○○八年台灣各大專院校的錄取率，已經超過100％。台灣的人口老化過程中，上大學的學生人數會逐年減少，而現有各大專院校的學生需求量，不會在短時間內有太大改變。因為供給與需求的失衡，造成未來收不到足夠學生，且長期財務體質不佳的大專院校，面臨經營不善而倒閉的命運。因此，教育主管機關應針對大專院校的財務報表進行分析，並規劃大學的退場機制，這樣才能對老師工作權與學生受教權，提供一定程度的保障。

　　財務報表的第二項經濟功能，在於透過財務報表的分析，經營者、債權人及政府主管機關，可設定非營利事業的績效目標，從而要求該事業的從業人員。

　　舉例來說：台灣大學校長看到該校二○○六年度的收支餘絀表，為虧損兩億元時，可要求該校教職員提出增加收入與減少支出的辦法，使下年度營收能達到損益兩平。

　　財務報表的第三項經濟功能，在於提供經營者充分的資訊，以進行財務

非營利事業管理▶▶▶

規劃。舉例來說：佛光山事業團體要到中國建立分院，則是否應該現在去設立？或過幾年再去會比較恰當？分院應該建在中國什麼地方？規模應該多大？這些問題的答案，都可透過財務規劃予以回答。除了事前的財務規劃外，經營者也可針對財務規劃所產生的計畫內容，進行事後考核。

第 2 節　台灣大學的財務報表

本章以台灣大學財務報表，做為非營利事業的代表資料，以說明報表分析方法的應用。在台灣的一個有趣現象是：本書第一章非營利組織的法律屬性說明中，公立的台灣大學既不是公法人，也不是非營利組織！但是本章仍舊採用台灣大學資料，基於以下兩個原因：首先，該校在台灣的大專院校中最出名，且資料可從網際網路取得；相對地來說，一些知名非營利事業的財務報表，例如慈濟基金會，則無法從公開資訊獲得。

接著，台灣大學財務報表與其他非營利事業之財務報表類似。其相似性在於：該校財務報表的業主權益由基金組成，而不是營利事業報表中常見的**投入股本**（paid-in capital）。資產組成中的固定資產金額，遠高於流動資產金額，且流動資產主要以現金與銀行存款存在。最後，該校負債占總資產的比重，遠低於基金占總資產之比重，而負債是以短期負債為主。

表 4.1 為台灣大學在二○○五年到二○○七年的平衡表，以下單就二○○七年的資料簡要說明。該校總資產在二○○七年底的那一天為止，累積到新台幣兩百八十四億元。這筆金額與網路公布的總資產一千一百四十六億元，差了八百六十二億元，差距金額為該校代政府保管的資產金額。

會計人員在編列財務報表時，首先要對資產的屬性加以確認。代政府保管的資產就所有權來說，不屬於台灣大學。因此，正確的做法為平衡表不包含代管資產，而將此項資產表達在該表的附註說明。

第四章　財務分析

表 4.1　台灣大學歷年平衡表

台灣大學
歷年平衡表　　　　　　　　　單位：百萬元

各項目	2007 年	2006 年	2005 年
資產			
現金及有價證券	5,235	3,608	2,774
其他短期資產	714	831	876
固定投資	20,377	18,540	18,011
其他長期投資	2,056	2,968	2,484
總資產	28,382	25,947	24,146
負債			
預收收入	3,691	3,439	2,632
其他短期負債	249	167	311
長期借款與暫收款	1,297	1,265	1,555
其他長期負債	468	326	197
淨資產			
基金	14,787	14,357	13,989
受贈公積	7,862	7,673	6,548
其他淨資產	28	−1,280	−1,086
負債與淨資產	28,382	25,947	24,146

▶資料來源：台灣大學網頁，本書作者加以精簡整理。

分開表達的優點，在於可以準確地說明該校的資產負債情況，而更重要的是能維持資產金額的長期穩定性。舉例來說：如果明年歸還這項資產給政府時，只要在附註中說明即可，而該校財務報表的資產項目，不會有從一千一百億元減為只剩兩百八十億元的重大改變。

該校總資產兩百八十四億元之中，固定資產二〇四億元的金額最高，流動資產主要以現金及有價證券的方式存在，約五十億元。

負債方面是以短期負債為主,且金額最高的短期負債項目為預收收入三十七億元。該校二○○七年的總負債占總資產 20%,總資產剩下的 80% 為淨資產。除此以外,淨資產組成是以基金與受贈公積為主。

　　表 4.2 為台灣大學二○○五年到二○○七年的收支餘絀表。該校在二○○七年的當年度損失約四億四千萬元,其中本業的業務淨損失為九億一千萬元,雖然業務外剩餘為淨收入四億七千萬元,但仍不足以彌補該校本業方面的巨額虧損。

表 4.2　台灣大學歷年收支餘絀表

台灣大學
歷年收支餘絀表　　　　　　　　單位：百萬元

各項目	2007 年	2006 年	2005 年
學費收入及教學研究補助	10,688	10,778	10,223
其他業務收入	2,392	1306	704
業務收入	13,080	12,084	10,928
教學研究與建教合作成本	11,121	10,210	9,492
其他業務成本	2,870	2,315	2,277
業務成本與費用	13,991	12,525	11,769
業務剩餘	－912	－441	－841
受贈收入及財務收入	288	244	191
其他業務外收入	826	576	567
業務外收入	1,114	820	758
業務外費用	638	583	651
業務外剩餘	476	237	107
本期餘絀	－436	－205	－734

▶資料來源：台灣大學網頁,本書作者加以精簡整理。

第四章 財務分析

最後，表 4.3 為台灣大學二〇〇五年到二〇〇七年的現金流量表。該校二〇〇七年的當年度現金增加七億五千萬元。這筆現金改變可從業務活動、投資活動與融資活動等三方面，加以分析。該校當年的業務活動方面增加現金十二億一千萬元，加上向外融資舉借的現金二十億八千萬元，超過當年的二十五億四千萬元現金投資，因此造成二〇〇七年一月一日的現金四十億兩千萬元，在當年十二月三十一日增加為四十七億七千萬元。

表 4.3　台灣大學歷年現金流量表

台灣大學
歷年現金流量表　　單位：百萬元

各項目	2007 年	2006 年	2005 年
本期剩餘	−436	−205	−734
調整非現金項目	1,649	1,933	1,645
折舊及折耗	1,345	1,236	1,246
其他調整	304	697	399
業務活動現金流量	1,214	1,729	911
固定資產及遞耗資產	−2,032	−1,467	−1,595
其他投資	4,569	−357	−470
投資活動現金流量	2,537	−1,824	−2,065
基金、公積及填補短絀	2,131	1,226	514
其他融資活動	−54	−306	23
融資活動現金流量	2,077	920	537
現金改變	747	824	−617
期初現金	4,028	2,674	3,292
期末現金	4,774	3,498	2,674

▶資料來源：台灣大學網頁，本書作者加以精簡整理。

第3節　財務報表分析方法

財務報表分析（financial statements analysis）為主觀的判斷過程。分析目的在於從非營利事業的報表中，找出經營趨勢的重要改變時點與相關金額，並從這些改變發掘原因，以協助管理者經營該事業。

財務報表分析的方法有四種，包含：**共同比分析**（common-size analysis）、**比率分析**（ratio analysis）、同業間比較與敘述性資料分析。

共同比分析為將報表中的各項金額，透過特定轉換變成百分比，使財務人員能夠用俯瞰的方式，同時觀看報表的組成與變化。另方面來說，比率分析則根據報表資料，經過特定數學公式轉換成不同比率，然後對非營利事業的經營情況，加以分析與說明。

在進行非營利事業的財務報表分析時，單看會計科目的絕對金額或比率，有時沒有太大的管理意涵。舉例來說：台灣大學二〇〇七年的本業收入為一百三十一億元，這個數字對該校而言，代表經營得很好嗎？還是有待加強？只看該校資料時，並不容易回答這兩個問題，但是如將該校資料與台灣的私立東吳大學，或美國史丹福大學資料相比較後，財務人員就能從同業間之比較，為台灣大學提出中肯的建議。

敘述性資料在財務報表分析中，也是很重要的方法。舉例來說：財務人員可從台灣大學的網頁中，進一步瞭解該校的學術單位、行政組織及研究中心的現在及未來發展。接著，從公開的台灣人口統計資料，財務人員也可分析人口老化對該校未來財務情況的影響程度。最後，台灣政府在科技方面的未來發展重心與對公立大學的補助政策，當然也會影響該校的研究經費來源。

本節的介紹偏重在共同比分析，以及比率分析的說明與應用，這兩種方法都是比率的計算。財務人員透過比率進行分析的原因有兩項：首先，人們

的判斷力有限,太多數字常會讓分析人員弄不清楚方向。舉例來說:台灣大學二〇〇六年的流動資產為四十四億三千八百七十一萬三千六百二十六元,此金額高於二〇〇五年的三十六億四千九百九十六萬五千九百二十九元。當讀者看完這一串數字之後,腦袋裡不是一片空白的人,應該很少!

接著,財務人員運用比率,可比較不同規模的非營利事業。這就好比衡量人們是否身體過重?因為每個人的身高不同,無法單由體重測量表達身體的肥胖情形,所以營養師透過**身體質量指數**(Body Mass Index, BMI),評估人們的肥胖程度。身體質量指數為比率分析方法的一種,計算公式是以人的體重(公斤)除以身高(公尺)的平方。

舉例來說:身高一百八十三公分且體重七十公斤的人,BMI 指數為二十一,而身高一百六十五公分且體重六十五公斤的人,BMI 指數為二十四。在例子中,體重比較重的人因為 BMI 指數較低,反而比較不肥胖。

共同比分析

共同比分析可依轉換方式之不同,區分為:**垂直共同比分析**(vertical common-size analysis)及**水平共同比分析**(horizontal common-size analysis)。垂直共同比分析為同期報表各科目之比較與分析,水平共同比分析則是多年報表的相同科目趨勢分析。

非營利事業的三張基本報表中,現金流量表只牽涉到「現金」科目的變動。因為影響層面比較小,所以財務人員不針對現金流量表進行共同比分析。

平衡表是長期經營累積而產生的報表,三年內一般不會有太大改變,所以財務人員在共同比分析時,通常選擇用垂直共同比,而不用水平共同比。

最後,收支餘絀表衡量一個年度內的經營成果,往往一年內或歷年比較時,同一科目的變動可能很明顯,所以財務人員在分析收支餘絀表時,會同

時採用垂直共同比與水平共同比。

　　本章運用台灣大學的報表，說明共同比分析。表 4.4 為該校平衡表的垂直共同比分析，該表為平衡表各科目金額占總資產的百分比。表 4.4 相對於該校平衡表之表 4.1 而言，財務人員運用垂直共同比方法後，能立即對該校各項重要的資產、負債與淨資產占總資產之比重，有全面的瞭解。

　　舉例來說：根據表 4.4 的計算結果，在二〇〇七年的年底時，該校固定資產占總資產的比重為 72％，且為總資產的最重要組成。另方面來說，流動資產占總資產的 21％，且大多以現金與有價證券的方式存在。

表 4.4　台灣大學平衡表的垂直共同比分析

各項目	2007 年	2006 年	2005 年	平　均
資產				
現金及有價證券	18	14	11	15
其他短期資產	3	3	4	3
固定資產	72	71	75	72
其他長期投資	7	11	10	10
總資產	100%	100%	100%	100%
負債				
預收收入	13	13	11	13
其他短期負債	1	1	1	1
長期借款與暫收款	6	5	6	6
其他長期負債	0	1	1	0
淨資產				
基金	52	55	58	54
受贈公積	28	30	27	29
其他淨資產	0	–5	–4	–3
負債與淨資產	100%	100%	100%	100%

▶資料來源：台灣大學網頁，本書作者加以精簡整理。表中最後一行的平均值，為各會計科目的三年平均值。

第四章　財務分析

　　該校資產的資金來源，主要來自於基金與受贈公積，兩者合計占總資產的 80%。剩餘的資產資金則來自於負債，且以短期負債的預收收入為主，此項目占總資產的 13%。

　　最後，從連續三年的垂直共同比分析中，我們發現上述各項結論除了百分比的數字略有不同外，大致也適用於二〇〇六年及二〇〇五年。

　　表 4.5 為台灣大學收支餘絀表的垂直共同比分析，表中是以收支餘絀表的各科目金額占當年度業務收入之百分比，四捨五入取整數後換算而得。

表 4.5　台灣大學收支餘絀表的垂直共同比分析

各項目	2007 年	2006 年	2005 年	平　均
學費收入及教學研究補助	82	89	94	87
其他業務收入	18	11	6	13
業務收入	100%	100%	100%	100%
教學研究與建教合作成本	85	84	87	85
其他業務成本	22	19	21	20
業務成本與費用	107	104	108	105
業務剩餘	−7	−4	−8	−5
受贈收入及財務收入	9	7	7	7
其他業務外收入	2	2	2	2
業務外收入	6	5	5	5
業務外費用	5	5	5	5
業務外剩餘	4	2	2	3
本期餘絀	−3	−2	−2	−2

▶資料來源：台灣大學網頁，本書作者加以精簡整理。表中的平均值，為各會計科目的三年平均值，且數字代表該科目占當年業務收入的百分比。

在二〇〇七年度的業務收入中，82% 來自於學費收入及教學研究補助，雖然在教學與研究的本業活動收取許多錢，但是費用與成本卻在本部年略高於收入。該校之業務外收入只占本業之業務收入的 6%，且業務外收入大約等於業務外費用。因此，當年淨損失占本業之業務收入金額的 3%。

表 4.6 為台灣大學收支餘絀表的水平共同比分析，表中是以二〇〇五年收支餘絀表之各科目金額訂為 100%，然後橫向往前計算二〇〇六年與二〇〇七年之各科目，占二〇〇五年相同科目金額的百分比。

表 4.6　台灣大學收支餘絀表的水平共同比分析

各項目	2007 年	2006 年	2005 年
學費收入及教學研究補助	105%	105%	100%
其他業務收入	340	185	100
業務收入	120	111	100
教學研究與建教合作成本	117	108	100
其他業務成本	126	102	100
業務成本與費用	119	106	100
業務剩餘	108	52	100
受贈收入及財務收入	151	113	100
其他業務外收入	146	161	100
業務外收入	147	108	100
業務外費用	98	90	100
業務外剩餘	444	221	100
本期餘絀	59	28	100

▶資料來源：台灣大學網頁，本書作者加以精簡整理。

表 4.6 的該校業務收入，在最近兩年呈現上漲趨勢，且上漲原因來自於其他業務收入的增加。業務剩餘從水平分析的結果來看，在二〇〇六年下滑，但二〇〇七年又上升。該校這三年的業務剩餘都是負值，所以虧損雖然

在二〇〇六年改善，但是二〇〇七年又再度惡化。最後，該校的受贈收入、財務收入及業務外收入，都呈現持續上升的趨勢。

第 4 節　台灣大學的財務比率分析

　　財務比率是以財務報表的各科目金額，經過特定公式換算後，以百分比或倍數的方式表達。非營利事業報表的比率分析，一般從四個方面探討，包含：短期償債能力、長期償債能力、資產管理能力與資源使用的長期適當性。

　　本節介紹各種財務比率定義時，先說明分析非營利事業的常見比率，接著針對台灣大學二〇〇五年到二〇〇七年的報表，選擇適合分析該校的比率，進行公式計算與結果說明。

短期償債能力

　　非營利事業無法對債權人償還短期債務時，將立即面臨破產清算的命運，此時該事業就算在未來能夠獲利再多，也無濟於事。因此，短期償債能力的維持對非營利事業而言，非常重要。

　　短期償債能力的衡量指標中，常見的有：**流動比率**（current ratio）及**營運資金**（working capital）。流動比率等於流動資產金額除以流動負債金額，說明如下：

$$流動比率 = 流動資產 / 流動負債 \tag{4.1}$$

　　一般來說，流動資產的變現性高於長期資產，所以非營利事業償還短期負債時，流動比率越高代表短期償債能力越強。流動比率在以前分析時，一

般認為該比率在二以上時，比較沒有短期周轉失靈的問題。

營運資金等於流動資產金額減去流動負債金額。營運資金越多代表事業的短期償債能力越佳；從另方面來說，持有過多的流動資產，且此種資產的投資報酬率大多偏低時，也代表經營者的財務管理能力欠佳，所以採用保守之理財方式。營運資金的公式說明如下：

營運資金 ＝ 流動資產 － 流動負債　　　　　　　　　　　　　　　(4.2)

一九七〇年代以後，因為財務管理知識的進步及投資標的之多樣性，先進國家的非營利事業，在流動比率及營運資金方面，有逐漸下降的趨勢。舉例來說：美國史丹福大學在二〇〇七年的流動比率為零點八四，營運資金為負三億七千萬美金。

該校流動比率偏低且營運資金為負值，是否代表短期有宣告破產的危機呢？其實不然！因為該校當年度的長期投資為兩百一十一億美金，此長期投資大多為政府公債及上市公司股票，雖然持有這些資產之目的為長期投資，但是也能在沒有太多損失的情況下立刻變現。這是該校為了有效管理資金，又能兼顧短期償債能力的積極理財方式下，所做的投資決策。

因此，衡量非營利事業的短期償債能力時，除了流動比率及營運資金這兩項指標外，還須考慮無法在報表的帳面上顯現，卻有可能影響短期償債能力的四種因素。說明如下：

首先，該事業持有可立即轉換成現金的長期資產越多，則短期償債能力越強。

其次，未使用的銀行信用額度雖然無法見於財務報表，卻可使短期償債能力增強。舉例來說：非營利事業用資產抵押的方式，與銀行洽談信用額度，只要額度不動用就不計息，如果因為緊急情況需動用信用額度時，則可立即從銀行取得所需現金。

再其次，該事業是否有發行債券與股票以募集資金的能力。舉例來說：美國史丹福大學可用該校名義發行票券及債券，在二〇〇七年該校發行且流通在外的**票券與債券**（notes and bonds payable）約美金十五億元（相當於新台幣五百億元）。

最後，該事業是否有巨額的**或有負債**（contingent liabilities）尚未入帳。舉例來說：非營利事業在經營過程中，與他人發生訴訟，且敗訴時將造成重大損失。或有負債一般列示在報表的附註，所以分析非營利事業的短期償債能力時，也須注意附註說明。

表 4.7　台灣大學的短期償債能力分析

各項目	2007 年	2006 年	2005 年	平　均
流動比率	1.5 倍	1.2 倍	1.2 倍	1.3 倍
營運資金	20 億元	8 億元	7 億元	12 億元

表 4.7 為台灣大學的短期償債能力分析，該校流動比率在二〇〇七年數字高於前兩年，且營運資金的金額在這三年也是逐年上升。分析結果代表該校的短期償債能力有逐年增強。

長期償債能力

評估非營利事業的長期償債能力時，可由收支餘絀表及平衡表兩方面著手。首先從收支餘絀表的資料評估時，**利息保障倍數**（times interest earned）為常用的衡量指標；接著，平衡表的分析常用**負債比率**（debt ratio）與**長期負債與長期融資比**（long-term debt to long-term financing ratio）。

利息保障倍數為本期餘絀除以利息費用後，計算而得的比率。就非營利事業向外舉債而言，債信良好就可用新債還舊債，而無須償還向外舉借的本金。因此，利息保障倍數的比率越高，代表該事業償還利息以維持良好債信

的能力就越強。利息保障倍數的公式說明如下：

利息保障倍數 ＝ 本期餘絀／利息費用　　　　　　　　　　　　　　(4.3)

除了利息保障倍數外，負債比率可衡量事業體的總資產中，債權人所提供的資金百分比。負債比率越低代表債權人的保障越高，與事業體的長期償債能力越強。負債比率的公式說明如下：

負債比率 ＝ 總負債／總資產　　　　　　　　　　　　　　　　　(4.4)

負債比率衡量長期償債能力時，必須注意到一件事，就是總負債金額不易有問題，而總資產金額則可能被嚴重低估。理由在於會計人員編製平衡表時，是採用歷史成本法認列資產價值。

舉例來說：慈濟基金會在三十年前用三千萬元買台北市房屋時，該房屋現在的市場價值為三億元，可是該會的平衡表中，房屋帳面價值在考慮了折舊後可能比三千萬元還低！如果分析人員沒有估計總資產的實際市價，則該事業的長期償債能力可能因此而被嚴重低估。

衡量長期償債能力的最後一項指標，為長期負債與長期融資比。此比率衡量長期負債在長期資金來源中所占的比重，比率越高代表事業體的長期融資越偏向舉債經營。舉債經營的風險比較高，因為面臨利息與本金必須到期支付的問題。長期負債與長期融資比的計算公式，說明如下：

長期負債與長期融資比 ＝ 長期負債／長期負債加淨資產　　　　　　(4.5)

表 4.8 為台灣大學的長期償債能力分析。就利息保障倍數而言，該校在二〇〇五年與二〇〇六年的本期餘絀為負值，造成利息保障倍數在計算時為負值；另方面來說，該校在這三年的平均每年現金有三十五億元，相對於不到一千萬元的平均利息費用，在短期償債能力方面不會有周轉失靈的問題，所以本表沒有列示利息保障倍數。

表 4.8　台灣大學的長期償債能力分析

各項目	2007 年	2006 年	2005 年	平　均
負債比率	20.1 %	20.0 %	19.4 %	19.9 %
長期負債與長期融資比	7.2 %	7.1 %	8.2 %	7.5 %

根據表 4.8 的結果顯示，該校最近三年的負債比率平均值約 20%，而長期負債與長期融資比為 7.5%。此結果代表負債比率甚低，且該校的長期資金是以淨資產為主。因此，從平衡表的觀點來看，該校的長期償債能力非常好。

資產管理能力

非營利事業的資產管理能力指標有四項，分別是：**總資產周轉率**（total assets turnover）、**固定資產周轉率**（fixed assets turnover）、**應收帳款平均收現天數**（accounts receivable turnover in days）與**存貨平均銷售天數**（inventory turnover in days）。

總資產周轉率衡量資產運用而產生本業收入的能力，周轉率越高代表總資產的管理能力越好。計算公式說明如下：

總資產周轉率 ＝ 本業收入 / 平均總資產　　　　　　　　　　　　　　　(4.6)

總資產周轉率公式的分子為本業收入，此資料來自於收支餘絀表，代表當年度的經營成果；另方面來說，公式分母為平衡表的總資產金額，代表該事業從成立到編表之當年底所累積的總資產。此兩種財務報表的時間考量不同，為了修正這種差異，分子的收支餘絀表資料不做調整，而分母的平衡表資料以平均數做為代表。公式中的平均總資產，是指去年底的總資產金額加上今年底的金額後，再除以二換算而得。

固定資產周轉率為本業收入除以平均固定資產後，計算而得的比率。固定資產的周轉率越高，代表固定資產的管理能力越好。公式說明如下：

固定資產周轉率＝本業收入／平均總固定資產 (4.7)

應收帳款平均收現天數，衡量事業以賒銷出售商品後，應收帳款轉成現金的平均天數。此天數的計算公式，為平均應收帳款乘以三百六十五天後，再除以銷貨收入的淨額。應收帳款平均收現天數低於事業體的**付款條件**（credit terms）時，代表應收帳款的管理能力較佳。公式說明如下：

應收帳款平均收現天數＝（平均應收帳款×365）／銷貨收入 (4.8)

存貨平均銷售天數，衡量將現有存貨銷售完畢所需的平均天數。計算公式為平均存貨乘以三百六十五天後，再除以銷貨成本。公式說明如下：

存貨平均銷售天數＝（平均存貨×365）／銷貨成本 (4.9)

對以銷售商品為主要經營項目的事業體而言，例如台灣的佛光文教出版社，則**營業週期**（business cycle）為取得存貨、出售存貨、賒銷商品、再收到現金後之平均所需時間。營業週期的估計天數，等於存貨平均銷售天數加上應收帳款平均收現天數。

表 4.9 為台灣大學的資產管理能力分析。該校本業收入在二〇〇七年的一百三十億元中，兩項最重要收入來源為：教學收入六十四億元及研究補助四十二億元。另方面來說，銷貨收入僅有兩億兩千萬元，因為銷貨收入在本業收入的比重還不到 2％，在成本與效益原則之下，表 4.9 不表達該校的應收帳款平均收現天數，也沒有列示存貨平均銷售天數。

計算該校總資產周轉率及固定資產周轉率時，需注意該校編製報表的會計原則在二〇〇五年有重大變動，其變動為固定資產的提列折舊方法由報廢法改為直線法。此項會計原則改變造成二〇〇五年的平衡表相對於前一年而

言,增列固定資產累計折舊九十九億元。

此變更造成該校不含代管資產的總資產,由二○○四年的三百四十五億元降為二○○五年的兩百四十一億元。這項原則變動,對該校總資產與固定資產的帳面金額影響很大。因此,計算二○○五年的平均總資產時,本書以該校的二○○五年總資產金額做為平均總資產的近似金額,同樣修正方法也用在二○○五年的平均固定資產估算。

表 4.9 為台灣大學的資產管理能力分析,固定資產為該校總資產中最重要的科目,且金額占總資產比重高達 72%。因此,該校的資產周轉率與固定資產周轉率的比率相近,並且就此兩種比率來看,該校的資產管理能力有逐年小幅改善。

表 4.9　台灣大學的資產管理能力分析

各項目	2007 年	2006 年	2005 年	平　均
總資產周轉率	48%	48%	45%	47%
固定資產周轉率	67%	66%	61%	65%

❀資源使用的長期適當性❀

對非營利事業來說,獲利情況不佳且無法在今年自給自足時,就是選擇用過去儲蓄彌補今年虧損;相對地來說,淨資產逐年增加,且增加幅度高過通貨膨脹率,就代表今年有了比較多的儲蓄,可以應付明日之所需。

純益率(profit margin ratio)及**淨資產報酬率**(return on net assets),常用來衡量資源使用的長期適當性。純益率指本業收入平均增加一元時,扣掉開銷後到底剩下多少錢?計算公式說明如下:

$$純益率 = 本期餘絀 / 本業收入 \tag{4.10}$$

淨資產報酬率衡量平均淨資產的報酬率，計算方法為本期餘絀除以平均淨資產。公式說明如下：

淨資產報酬率 ＝ 本期餘絀／平均淨資產　　　　　　　　　　　　　(4.11)

表 4.10 為台灣大學資源使用的長期適當性分析，該校在二○○五年到二○○七年的本期餘絀為負值，代表該校在這三年的本業收入雖然都超過了新台幣一百億元，卻因為經營成本過高而造成入不敷出的情況。

表 4.10 台灣大學資源使用的長期適當性

各項目	2007 年	2006 年	2005 年	平　均
純益率	–3.3%	–1.7%	–6.7%	–3.9%
淨資產報酬率	–1.9%	–1.0%	–3.8%	–2.2%

❦ 第 5 節　台灣大學與史丹福大學的財務報表比較

各國大專院校在二○○七年依教育品質、教師品質、研究成果及機構規模進行評比後，台灣大學排名第一百六十一名，是兩岸三地排名最高的學府，此排名高於中國清華大學一百六十七名，及北京大學二百二十八名。在這份大學的排名中，美國哈佛大學排名第一，史丹福大學排名第二。

因此，本節站在宏觀的角度，選擇美國史丹福大學的財務報表與台灣大學比較。在史丹福大學的平衡表與收支餘絀表之中，僅將報表中最重要的科目與金額列示，次重要的科目及金額，則彙總列入「其他項目」。

為方便說明起見，兩間學校的比較，是以二○○五年到二○○七年之

會計科目平均值為準。共同比分析包含平衡表及收支餘絀表的垂直共同比分析。比率分析則採用前述分析台灣大學的八種財務比率、包含：衡量短期償債能力的流動比率與營運資金，長期償債能力的負債比率及長期負債與長期融資比，資產管理能力的總資產周轉率與固定資產周轉率，以及資源使用長期適當性的純益率及淨資產報酬率。

表 4.11 為史丹福大學在二〇〇五年到二〇〇七年的平衡表。以二〇〇七年資料為例，該校當年底的總資產金額為美金兩百五十九億元，此金額相當於新台幣九千億元，為台灣大學同時間總資產的三十二倍。史丹福大學的總資產中，長期投資金額最高，且為美金兩百一十一億元，流動資產是以應收款為主，金額十四億元。

負債方面，該校總負債為美金三十九億元，且短期負債總金額二十四億元高於長期負債十五億元。短期負債金額最高的科目為證券抵押借款，長期負債以該校自行發行的票據及債券所占比重最高，金額十五億元。

最後，該校淨資產為兩百二十億元，遠高於總負債三十九億元。淨資產由三部份構成，分別是：非限制基金、暫時限制基金及永久限制基金。其中非限制基金為一百六十四億元，為金額最高的科目。

表 4.12 為史丹福大學的歷年收支餘絀表，該表由三部份構成，包含：非限制基金、暫時限制基金及永久限制基金。三類基金之間的移轉情形，可在此表清楚看到。舉例來說：暫時限制基金的部份，包含轉入非限制基金及轉入永久限制基金之科目。

非營利事業的收支餘絀表具有不同類型之基金，是非常普遍的情形。舉例來說：鴻海的郭台銘捐出一百五十億元，協助台大醫院設立癌症醫學中心。此筆基金屬於限定用途，也不在一年內全部捐出及使用完畢，所以這筆捐款在台大醫院的平衡表與收支餘絀表中，應以限制基金的科目獨立存在。

同樣的道理，善心人士捐款給台灣大學及慈濟慈善事業等非營利團體，

如果有特定用途時，例如興建研究中心、醫院或九二一賑災捐款，則此類型捐款就不應列入非限制基金，而應歸屬於限制基金。

表 4.11　史丹福大學歷年平衡表

史丹福大學
歷年平衡表　　　　　　　　　單位：百萬美元

各項目	2007 年	2006 年	2005 年
資產			
應收款	1,383	1,243	1,058
其他短期資產	631	494	488
長期投資	21,167	17,525	15,132
固定資產	2,706	2,546	2,354
總資產	25,888	21,808	19,032
負債			
證券抵押借款	649	658	632
其他短期負債	1,735	1,388	1,349
應付票據及債券	1,494	1,309	1,266
其他長期負債	53	52	54
淨資產			
非限制基金	16,407	13,449	11,547
暫時限制基金	1,101	1,001	560
永久限制基金	4,449	3,951	3,623
負債與淨資產	21,957	18,401	15,730

▶資料來源：史丹福大學網頁，本書作者加以精簡整理。

將基金區分成限制與非限制的原因，在於帳目清晰與對得起捐款人。非營利事業的現任領導人，總有離開經營位置的一天，如何使事業的財務公

開、透明及有制度,以在未來吸引源源不絕的捐款,將基金依屬性之不同而區分後,並昭告社會大眾,為台灣非營利事業在未來編製財務報表時,必須努力改進的方向。

根據表 4.12,史丹福大學在二〇〇七年的基金改變中,非限制基金淨增加為三十億元,遠高過暫時限制基金淨增加一億元及永久限制基金的五億元增加。

接著,非限制基金的本業收入為三十二億元,主要來自於學費收入,及研究補助。雖然本業收入甚高,但是成本二十九億元也不低,所以淨收入為兩億五千萬元。

非限制基金中比較值得注意的一點,是該校當年最重要的一項收入,為投資收入美金二十七億元,這筆金額約為新台幣一千億元。請注意,這是該校長期投資在一年內所賺的錢。

表 4.13 運用垂直共同比分析方法,比較台灣大學與史丹福大學的平衡表。雖然就總資產而論,史丹福大學的規模為台灣大學的三十二倍,不過透過垂直共同比分析,我們可以站在制高點,明確地比較兩間學校在平衡表之基本差異。

就資產而論:台灣大學的總資產中固定資產占 72%,為最高比重;相對地來說,史丹福大學的長期投資則是總資產的最重要項目,占 81%。對正規經營的大專院校來說,固定資產的報酬率大多低於長期投資報酬率。

接著在流動資產中,台灣大學的現金及有價證券占總資產的 15%,為最重要科目,而史丹福大學則是以應收款的 6% 為主。對史丹福大學而言,現金及有價證券不是該校流動資產的最重要科目,因為對該校而言,一方面持有大量變現性高、投資報酬率也高的長期投資,另方面這些投資又可立即變成現金,何樂而不為呢?

表 4.12 史丹福大學歷年收支餘絀表

史丹福大學
歷年收支餘絀表　　　　　　　　單位：百萬美元

各項目	2007 年	2006 年	2005 年
非限制基金			
學費收入及研究補助	1,452	1,370	1,329
其他業務收入	1,703	1,506	1,299
業務收入	3,155	2,876	2,629
薪水與福利	1,712	1,637	1,469
其他業務成本	1,193	1,098	1,030
業務成本與費用	2,905	2,735	2,499
業務剩餘	250	141	130
投資收入	2,666	1,753	2,048
其他改變	42	8	−21
非限制基金改變	2,958	1,901	2,157
暫時限制基金			
當年捐贈	273	591	214
投資收入	61	49	16
轉入營運	−96	−94	−82
轉入非限制基金	−128	−50	−26
轉入永久限制基金	−13	−55	−32
其他改變	2	0	−3
暫時限制基金改變	100	441	86
永久限制基金			
當年捐贈	342	205	243
投資收入	161	61	133
非限制基金轉入	29	31	0
暫時限制基金轉入	13	55	32
其他改變	−47	−25	−2
永久限制基金改變	498	328	406
基金總改變	3,557	2,670	2,650
期初基金	18,401	15,730	13,081
期末基金	21,957	18,401	15,730

▶資料來源：史丹福大學網頁，本書作者加以精簡整理。

第四章　財務分析

表 4.13　史丹福大學與台灣大學的平衡表垂直共同比

史丹福大學	平　均	台灣大學	平　均
資產		資產	
應收款	6	現金及有價證券	15
其他短期資產	2	其他短期資產	3
固定資產	11	固定資產	72
長期投資	81	其他長期投資	10
總資產	100%	總資產	100%
負債		負債	
證券抵押借款	3	預收收入	13
其他短期負債	7	其他短期負債	1
應付票據與債券	6	長期借款與暫收款	6
其他長期負債	0	其他長期負債	0
淨資產		淨資產	
非限制基金	62	基金	55
暫時限制基金	4	受贈公積	29
永久限制基金	18	其他淨資產	–3
負債與淨資產	100%	負債與淨資產	100%

▶資料來源：台灣大學及史丹福大學網頁，本書作者加以精簡整理。會計科目對應金額，是以二〇〇五年到二〇〇七年的三年平均值為代表。

就負債而言，兩間學校之負債占總資產的比率都很低。台灣大學的負債占總資產 20%，且以短期負債的預收收入為主。史丹福大學可用該校名義發行票券與債券，所以該校的總負債占總資產 16% 中，最重要項目為應付票據與債券。

最後，從淨資產來看，台灣大學的基金並沒有分限制與非限制基金，且基金與受贈公積占總資產 83%。相對地來說，史丹福大學的基金分為非限制基金、暫時限制基金及永久限制基金，且此三種基金總和占該校總資產的 84%。

表 4.14 為運用垂直共同比分析方法，比較台灣大學及史丹福大學的收支餘絀表。表中各會計科目的比率，是以金額除上當年度的本業收入換算而得。台灣大學在二〇〇五年到二〇〇七年的三年平均本業收入為新台幣一百二十億元，而史丹福大學的平均本業收入為美金二十九億元，相當於新台幣一千億元。

表 4.14 史丹福大學與台灣大學的收支餘絀表垂直共同比

史丹福大學	平均	台灣大學	平均
學費收入及研究補助	47	學費收入及研究補助	87
其他業務收入	53	其他業務收入	13
業務收入	100%	業務收入	100%
薪水與員工福利	56	教學研究與建教合作	85
其他業務成本	38	其他業務成本	20
業務成本與費用	94	業務成本與費用	105
業務剩餘	6	業務剩餘	−5
投資收入	69	受贈收入及財務收入	2
其他非限制基金改變	1	其他業務外收入	5
業務外收入	70	業務外收入	7
暫時限制基金改變	11	業務外費用	5
永久限制基金改變	13	業務外剩餘	3
本期餘絀	102	本期餘絀	−2

▶資料來源：台灣大學及史丹福大學網頁，本書作者加以精簡整理。史丹福大學主要以收支餘絀表的非限制基金，與台灣大學的收支餘絀表進行比較。會計科目對應金額是以二〇〇五年到二〇〇七年的三年平均值為代表。

接著，台灣大學的學費收入與研究補助占該校本業收入的 87%，且為最重要的收入來源，而史丹福大學的本業收入來源中，學費收入與研究補助的總和，與其他業務收入的金額相當。

台灣大學的三年平均業務剩餘為虧損，而史丹福大學為盈餘。如果觀察本業收入與費用的比重，則台大的虧損在於本業的其他業務成本 20%，高過其他業務收入 13% 所造成。相對地來說，史丹福大學的其他業務收入 53%，高過其他業務成本 38% 甚多，這是該校本業有盈餘的主要原因。

　　台灣大學本業收入以外的比重，與本業收入 100%，本業成本與費用 105% 相比較，相差甚大。舉例來說：受贈收入及財務收入為其中比重最高的一項科目，也僅占該年本業收入的 2%。

　　相對地來說，史丹福大學本業外的收入就非常可觀。該校投資收入為本業收入的 69%，而暫時限制基金與永久限制基金合計增加 24% 的本業收入。因此，該校三年平均餘絀的 102% 中，本業剩餘僅占 6%，業外剩餘則占 96%。進一步地用實際金額來看，該校過去三年平均每年賺到美金三十億元，其中本業賺的錢為兩億元，而本業以外賺二十八億元。

　　表 4.15 為台灣大學與史丹福大學的比率分析結果。就短期償債能力而言，台灣大學看似較佳，因為該校的流動比率較高，且營運資金也為正值；不過，這是因為史丹福大學採用積極有效的財務管理行為所導致，且該校的大量長期投資，可立即轉為現金清償短期債務。因此，雖然比率上來說較為遜色，但是史丹福大學的短期償債能力不會比台灣大學差。

　　從長期償債能力指標來看，史丹福大學略優於台灣大學，但是這兩間學校的負債比率都低於 20%，且長期融資來源的 90% 以上為淨資產，所以兩間學校的長期償債能力都很強。

　　在資產管理能力方面，乍看之下：台灣大學的總資產管理，優於史丹福大學，而固定資產管理則是史丹福大學較佳。為什麼史丹福大學的總資產周轉率比較低呢？原因在於計算總資產周轉率時，分母部份包含長期投資，而分子部份卻是不含投資收入的本業收入。因為該校的長期投資比重非常高，造成總資產周轉率低於台灣大學，所以雖然總資產周轉率偏低，並不代表史

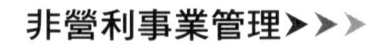

丹福大學在總資產的管理比台灣大學差。比較兩間學校的經營能力，在此用固定資產周轉率比較有意義，因為大學的固定資產主要用在教學與研究。計算固定資產周轉率時，公式中的分子與分母比較一致，都與本業有關。當比較兩間大學時，史丹福大學在固定資產的管理能力就遠高過台灣大學。

表 4.15　台灣大學與史丹福大學的比率分析

各項目	台灣大學	史丹福大學
短期償債能力		
流動比率	1.3 倍	0.8 倍
營運資金	20 億元新台幣	－4 億元美金
長期償債能力		
負債比率	20%	16%
長期負債與長期融資比	8%	7%
資產管理能力		
總資產周轉率	47%	14%
固定資產周轉率	65%	116%
資源使用長期適當性		
純益率	–3.9%	102%
淨資產報酬率	–2.2%	16%

▶資料來源：台灣大學及美國史丹福大學網頁，本書作者加以精簡整理。比率為二〇〇五年到二〇〇七年的三年平均值。

最後，比較兩間學校的資源使用長期適當性，台灣大學在二〇〇五年到二〇〇七年間處於虧損。原因可能是台灣這幾年的經濟情況較差，所以該校獲得的研究經費有限，另方面則是少子化的現象，大學偏重收台灣的學生，再加上低學費的教育政策，都是造成該校虧損的原因。相對地來說，史丹福大學無論就純益率或淨資產報酬率來看，這間學校的資源使用長期適當性都遠優於台灣大學。

第6節　財務規劃的過程

本節著重在非營利事業的未來財務規劃，**財務規劃**（financial planning）為動態的循環過程，包含七個步驟：策略擬定、計畫時間長度的決定、影響需求的外在因素分析、未來收益與費用估計、各部門的目標訂定、定期評估與期末檢討。說明如下：

策略擬定

非營利事業進行財務規劃時，應先擬定事業的未來發展策略。例如：現有事業體的各部門中，何者應擴充？何者需縮減？改變時程的快慢？這些問題在策略規劃後所產生的計畫中，都應詳細回答。

計畫的時間長度

一般來說，規劃時間越長則計畫內容就越精簡。涵蓋未來五年的財務規劃，只要針對平衡表與收支餘絀表的重要項目，粗略評估即可。相對地來說，只進行下一個月的財務規劃時，事業體的收入、費用、現金流入與流出等資料，就必須仔細估算。

對於多年期的財務規劃，經營者需每年重新評估一次，而屬於一年內可執行完成的短期計畫，則每季評估即可。

影響需求的外在因素分析

非營利事業多以提供服務為主，有時為了增加收入，也提供商品給顧客，以維持事業的正常運作。經營者分析影響收入的各種外在因素後，估計服務或產品的未來需求。

在影響收入的外在因素中，常見的五項因素為：經濟的未來發展情況、

人口老化程度、所得分配情形、貧富差距情況與競爭者的相關資訊。

❧收益及相關費用估計☙

評估了重要的外在因素後，經營者需考慮現有資源，及預估提供服務與產品時所獲取的收入。接著，透過收入估計相對應的成本、費用、現金流量與外部融資需求。最後，再估算未來的平衡表及收支餘絀表。此種以本業收入為基礎而估算的方法，是財務規劃中最常用的方法，稱為**收入百分比法**（percent-of-sale method）。

收入百分比法與第三章的報表編製方法，主要不同處在於時間的考量點不同。收入百分比法考慮的時間是從現在到未來，這是財務人員關心的重點；而報表編製時的涵蓋時間，則是過去到現在已經發生的事實陳述，這是會計人員的專長。

進一步地來說，第三章以祇園基金會過去一年的交易分錄為例，編製平衡表、收支餘絀表與現金流量表。這種報表的編製方法，為依據歷史資訊及一般公認會計準則，以清晰而有條理的方式編製。因此，針對同一家非營利事業的資料，即使找不同會計人員編製，報表結果都會很相似。

相對地來說，財務人員進行財務規劃時，面對未來各種不可測的情況，而必須做出種種假設時，則不同財務人員所編製的預估報表，彼此的差異性就會很大。

❧績效目標訂定☙

財務計畫制訂好之後，經營者依據計畫擬定自己、屬下與各部門在未來的績效目標。

❧定期評估☙

經營者依財務計畫的時間長度，定期在每月或每季，針對預估目標與實

際表現情況，進行比較與修正。接著在每年的年終，發現財務計畫過去的預估與事實有很大出入時，則應修正計畫的各項目標。

期末檢討

每一年的年終，經營者給予事業體從業人員應有的獎勵，並對未來再次地根據公司策略、計畫時間長度、影響需求的外在因素分析、未來收益與費用估計、各部門目標訂定、定期評估與期末檢討等七步驟，重新進行財務規劃。

第 7 節　財務計畫

財務規劃後產生未來一年或數年的財務報表，這些報表主要包括：平衡表、收支餘絀表與現金流量表，經營者接著根據預估報表擬定財務計畫。

財務計畫的四個重要子計畫中，依計畫本身涵蓋的時間長短而區分，包含：**現金預算計畫**（cash budgeting plan）、**營運資金管理**（working capital management）、**資本預算計畫**（capital budgeting plan）與**外部融資需求計畫**（plan for external financing needs）。

現金預算計畫

現金預算表說明非營利事業在未來一年內的現金變動情形。現金預算表之編製目的，在於協助經營者瞭解未來一年的現金流動情況，是否有多餘現金可以投資？或何時有資金缺口需要短期融資？除此以外，經營者也依據現金預算表訂定每月的現金計畫，當實際發生的金額與預算金額有差異時，就須確保有足夠現金可供短期周轉，使事業體不致因為周轉失靈而倒閉。

財務人員估算事業體的未來現金流量表時，首先取得的資料，為根據

過去會計資訊，且運用應計基礎法所編製的報表。舉例來說：過去一年的應收捐款收入金額，為會計人員在應計基礎下所記載並在報表中表達。去年的應收捐款十萬元與實際收到的現金捐款，可能有很大差異，因為去年的應收款，可能去年收到全部現金，可能去年收到部份且今年收到剩餘尾款，也可能永遠也收不到現金。因此，財務人員編製現金預算表時，就必須從**現金角度**（cash basis），進行必要的調整。

營運資金管理

營運資金等於預估平衡表的流動資產金額，減流動負債金額後的餘額。非營利事業大多以辦理**短期活動**（activities）為主要業務，例如：大專院校的教學與研究，以及慈善事業的募款活動，所以營運資金管理對非營利事業而言，就比營利事業來得重要。

良好的營運資金管理，代表有足夠能力清償一年內到期的債務。財務在短期內沒有問題，事業體才可進一步地從人力與物力方面，改善提供的服務與從事新業務開發。

營運資金管理包含三部份，分別是：現金及有價證券管理，應收款及應付款管理，以及存貨管理。就營運資金管理而言，經營者需先瞭解組成營運資金的細部內容，屬於長期需求的營運資金，用長期融資方法，而季節性的融資需求，就用短期融資的方法。

接著，基本的營運資金管理原則，在於降低無法賺取收益資產的同時，增加不需支付利息的負債。何謂無法賺取收益的資產？例如：應收帳款、**應收捐贈款**（pledges receivable）、**應收政府補助款**（grants receivable），以及存貨持有。進一步地說，降低應收款並非不要增加應收款，而是能立即收到現金的話，當然選擇現金而不是帳目的應收款增加，因為「一鳥在手，勝過諸鳥在林」。

至於不需支付利息的短期負債,則是指:應付帳款、應付利息、善心人士的預付捐贈款,或是政府的預付補助款。這種類型的短期負債增加,代表事業體在付錢的時候越晚付錢(前兩項),或是可以拿到錢的時候越早拿錢(後兩項),當然有助於改善事業體的營運資金管理能力。

資本預算計畫

資本預算計畫為一年以上才能執行完畢的長期投資計畫。舉例來說:台灣大學在新竹設立分校,佛光山事業團體在中國設立分院,都屬於資本預算計畫。

資本預算計畫在評估時有許多方法,**淨現值方法**(Net Present Value method, NPV)比較正確。淨現值指投資計畫每年產生的淨現金流量,經過**加權平均資金成本**(Weighted Average Cost of Capital, WACC)折成現值再加總後,在決策點的投資總價值。

計畫的淨現值大於零時,代表投資收益大於成本,所以值得投資;相對地來說,淨現值小於零是指投資成本大於收益,則該計畫在財務面的考量來看,就不值得投資。

淨現值方法的每年**淨現金流量**(cash flow),並不等於現金預算表的現金,而是由預估平衡表及收支餘絀表換算而來。估計加權平均資金成本時必須注意到的一點,為**投資決策與融資決策的分開考量**(separation between investment and financing decisions)。分開考量是指計畫每年產生的淨現金流量,在折成現值時所採用的資金成本,等於產生該計畫現金流量相同風險的**機會成本**(opportunity costs),而不是該計畫的**融資成本**(financing costs)。

淨現值方法在預估現金流量時須注意的另外一點,在於是否將非現金因素加入考量。舉例來說:佛光山事業團體決定在中國設立分院,假設經過評

估後的淨現值小於零,代表財務面不可行;不過因為使命及抱負等非經濟因素影響,而決定「明知不可為而為之」,這種決策行為在非營利事業中屢見不鮮。

此種包含非現金因素的資本預算計畫,在運用淨現值方法時可有兩種修正方法。第一種方法是直接看財務面,估算可能損失後,再看損失是否可承受?有沒有必要承受?投資下去是否不至於造成事業體的財務危機?再決定是否投資。第二種方法則是將非經濟因素,以預估金額加以量化衡量後,計算包含非經濟因素的淨現值,然後再依分析結果進行投資決策。

對財務人員來說,將非經濟因素量化的方法看似簡單,卻因政策制訂點的高度不同,財務人員通常無法準確地衡量事業經營者,在心中所認定的非經濟因素價值。因此,比較單純而正確的做法,就是採用第一種方法。簡單的來說:財務的事就讓財務人員負責,至於非經濟面的考量,就讓高階經營者煩心吧!

外部融資需求計畫

非營利事業的融資需求,主要為了配合投資決策而產生,當資本預算計畫確立後,經營者就針對該計畫的資金來源進行選擇。換句話說,前述投資決策與融資決策的分開考量,是指進行資本預算的投資決策時,在不考慮投資計畫資金來源的情況下,由淨現值是否大於零,決定計畫是否可行。接著,計畫可行時才進一步思考融資。

融資方法概略分為內部融資及外部融資。內部融資的資金來源包含三個方面:歷年經營而產生累積盈餘為主的非限制基金,暫時限制基金,或永久限制基金。外部融資則包含:透過信用或抵押品向銀行舉借資金的間接融資,以及發行票據與債券向外融資的直接融資。

非營利事業選擇向外融資時,應先考慮其最適資本結構,亦即在長遠的

時間考量下,該事業的負債占總資產比例,應該是多少百分比才合理?然後針對此資本結構進行融資的相關決策。

　　美國的大型非營利事業,在外部融資的方法選擇上,遠較目前台灣的非營利事業靈活。舉例來說:本章的史丹福大學例子中,該校就可用學校的名義向外發行債券,進行外部直接融資。

　　相對地來說,台灣的大型非營利事業,例如慈濟慈善事業,在投資時所需的資金來源,則大多來自於自籌資金。至於中、小型的非營利事業,基本上只能追求每年的收支平衡或少數結餘款,所以很少有足夠財力進行重大投資計畫。因此,對台灣現階段的非營利事業而言,在外部融資需求計畫中,比較沒有思考最適資本結構的問題。

習 題

4.1 非營利事業的財務報表具有三項經濟功能,請說明。

4.2 財務健全的非營利事業,財務報表具有五種特色,請說明。

4.3 財務報表分析的方法有四種,請說明。

4.4 非營利事業報表的比率分析,一般從四個方面探討,請說明。

4.5 短期償債能力的衡量指標中,常見有兩種,請說明。

4.6 衡量非營利事業的短期償債能力時,除了流動比率及營運資金外,還須考慮無法在報表的帳面上顯現,卻可能影響短期償債能力的四種因素,請說明。

4.7 衡量非營利事業的長期償債能力時,常用的衡量指標有三項,請說明。

4.8 非營利事業的資產管理能力的指標有四項,請說明。

4.9 營業週期的估計天數如何計算?請說明。

4.10 非營利事業資源使用的長期適當性,常用的衡量指標有兩項,請說明。

4.11 財務規劃為動態的循環過程,包含七個步驟,請說明。

4.12 影響非營利事業收入的外在因素中,常見的因素有五項,請說明。

4.13 財務規劃中最常用的估算方法為何?請說明。

4.14 財務計畫包含四個重要子計畫,請說明。

4.15 營運資金管理包含三個主要部份,請說明。

4.16 何謂淨現值法?請說明。

4.17 淨現值方法中,估計加權平均資金成本時,投資決策須與融資決策分開考量,請說明如何分開考量?

4.18 淨現值方法在預估現金流量時,將非現金因素加入考量有兩種方法,請說明。

4.19 非營利事業進行內部融資時,資金來源包含三個方面,請說明。

4.20 非營利事業進行外部融資時,有兩種方法,請說明。

心得筆記

第五章

投資與理財

第 1 節　　投資的意義

第 2 節　　風險與報酬

第 3 節　　證券市場簡介

第 4 節　　股票與債券的權益

第 5 節　　股票與債券的評價

第 6 節　　股票與債券的市場價格

第 7 節　　投資組合理論

第 8 節　　共同基金

第 9 節　　期貨與選擇權

　　　▶▶▶▶習　　題

前一章的史丹福大學財務報表中，該校二〇〇七年的基金增加為美金三十六億元，其中投資收入二十七億元，代表該校當年的基金增加中，75％來自於投資收入。除此以外，該校持有大量變現性高、投資報酬率也高的長期投資，所以可在短期償債能力很強的前提下，又可擁有高於銀行利率的資金投資報酬率，代表該校具有積極而有效之財務管理行為。

換言之，本書以世界一流大學的財務報表為例，說明即使是經營非營利事業，仍然要有投資理財的觀念與行為。因此，本章內容站在經營者的角度，簡要說明投資與理財之相關知識。

本章包含九小節。第一節說明投資的意義。第二節簡介風險與報酬。第三節為台灣、美國與中國的證券市場概述。第四節說明股票與債券的權益。第五節著重在股票與債券的評價方法介紹。第六節探討影響股票與債券價格的因素。第七節說明投資組合理論。第八節著重在共同基金的說明。最後，第九節簡介期貨與選擇權。

第 1 節　投資的意義

　　第三章的祇園基金會例子中，法師購買房屋做為傳道講堂，屬於投資的行為。第四章台灣大學平衡表的有價證券與固定資產，歸類為投資。史丹福大學二〇〇七年收支餘絀表中，投資收入為美金二十七億元，當然更屬於投資。

　　投資環繞在每個人的日常生活中，並不限於上述非營利事業。舉例來說：醫師用仁心與時間所換取的金錢，購買郊區土地，期盼將來因為土地增值而獲利。企業家用**企業家精神**（entrepreneurship）和時間所得到的金錢，購買新機器與技術，使公司未來所得增加，也是投資行為。年輕人放棄目前工作，到研究所接受職業技能的進階訓練，並希望將來收入提高，屬於投資行為。甚至父母省吃儉用，放棄目前消費而將資源用來養育子女，並期盼子女對雙親的回饋奉養，對父母而言，又何嘗不是投資呢？

　　因此，站在個人或法人立場，犧牲目前價值以換取將來價值的行為，在本章稱為**投資**（investment），此種看法為**財務管理**（financial management）領域所定義的投資。

　　財務管理的投資，相較於**經濟學**（Economics）的投資而言，涵蓋層面更為寬廣。經濟學是從社會的角度定義投資。當一項行為使社會的生產工具增加，則此種行為就屬於經濟學所探討的投資。舉例來說：政府鋪設高速公路，或是台積電興建晶圓廠。

　　相對地來說，財務管理領域的投資，除了涵蓋上述政府與私人企業的投資類型外，也包含個人有形及無形層面（例如：時間、精神、愛心）的投資。那麼對個人或法人而言，所得中沒有消費的部份，是否就代表投資呢？問題的癥結點，在於不消費之目的是為了什麼？所得未消費部份稱為**儲蓄**（savings）。將儲蓄放在家中則不視為投資；相對地來說，將儲蓄存入銀行的儲蓄帳戶（不是支票帳戶），或購買股票與債券，以謀求未來的收入時，

就視為投資。

投資有兩大類：**實物投資**（real investment）及**財務投資**（financial investment）。實物投資專指**資本財**（capital goods）購買，例如：買房屋做為傳道講堂，蓋研究中心或工廠，或購買設備。財務投資則為單純產權購買，例如：儲蓄存款增加，或購買股票及債券。

現代的金融機構蓬勃發展，不但助長了實物投資，也使財務投資金額高過實物投資金額。舉例來說：台塑公司在台灣蓋煉油廠，則煉油廠興建為實物投資。但是此項投資所需資金龐大，超過該公司本身的經濟能力。因此，社會上有良好健全的金融機構時，台塑透過證券市場發行股票、公司債，或抵押資產向銀行借錢，以籌措資金。在這個例子中，經由金融機構的中介，有人就願意透過財務投資行為，直接或間接地提供資金給台塑，以致於煉油廠在金融機構的支持下，終於建築成功。

投資學的探討範圍，並不限於上一章所介紹的實物投資（或稱為資本預算），更進一步地來說，投資學的研究對象，更偏重在財務投資。財務投資必須要有合法的證明文件充當憑證，證明文件記載**投資項目**（items）及其價值，稱為**證券**（security）。

證券代表任何**財產權利**（property rights）的證明文件。從這個觀點來看：**股票**（stocks）與**債券**（bonds）是證券的類型。汽車出廠證明、儲蓄帳戶、房地產的產權，甚至**期貨**（futures）與**選擇權**（options）等投資標的，也都屬於證券。

投資人犧牲了現在能享受的價值，轉而去購買證券，其目的為期望將來出售證券獲利，或由證券孳息而得到收入，所以購買證券可看成投資行為；可是另方面來說，有時購買證券不被看成投資，而稱為**投機**（speculation），甚至是**賭博**（gambling）！

投資、投機和賭博這三個名詞，並不容易嚴謹地加以區分。人的經濟行

為究竟應該如何歸類？往往取決於當事人所擁有訊息的多寡、持有證券時間長短與預期投資收入。任何購買證券的經濟行為，都牽涉到未來收入。人們無法在投資當時，知道證券的所有相關訊息，就算知道也沒有足夠能力去分析。因此，投資時對證券的預期收入，相較於證券的實際收入而言，本來就難免產生偏差。

當經濟行為的未來收入平均值，低於投資當時的平均值時，這種經濟行為就被定義為賭博。舉例來說：購買台灣過去發行的愛國獎券，以及現在的彩券，就是屬於賭博。因為購買獎券與彩券的人，就社會大眾的整體性而言，先天就注定是輸家。

相對地來說，購買財產之主要目的，在於長時間擁有財產以享受孳息時，則屬於投資行為。舉例來說：購買房地產自住或出租，長期握有政府公債或公司股票，都稱為投資。在此所謂的投資行為，通常都是根據相當多公開訊息，經過分析後才做決定的審慎行為。投資與賭博不同，因為人在賭博時不但缺乏公開訊息，也常依當時情緒而做出主觀的判斷。

至於購買證券時，如果打算短時間持有，且希望透過掌握買賣時機，以獲取價格變動而產生的**資本利得**（capital gains）時，這種行為就稱為投機。舉例來說：低價買進股票後，過兩天再高價賣出，就是投機行為。

在投機過程中，投機人需要有當機立斷的魄力，所以風險也隨之增加；然而，單從證券購買當時來看，實在很難看出投資人的行為，到底應歸類為投資？還是投機？因此，本書認為沒有區分二者之必要，都稱為投資。

⚜ 第 2 節　風險與報酬

投資活動是犧牲現在的價值為手段，以賺取未來價值為目標。未來價值

超過了現在價值時，才能夠得到正的**報酬**（return），而報酬正是投資人苦心經營之目的。然而，未來是個不可預知的世界。尤其在現代經濟社會中，政治、社會、法律與科技等因素，不斷衝擊經濟的層面。經濟現象本身，又非常地錯綜複雜，各種經濟因素互為因果與相互激盪，以致於未來的投資收入，幾乎不可能與現在的推估完全一致，而投資報酬也就因此而無法事前確定。

面臨著不可知的未來，現在各種推估，都不免與未來事實發生偏誤。因此，精明的投資專家都有投資損失的時候；而智慧再高的投資分析師，也曾有判斷錯誤之經驗。

風險（risks）是投資過程中必然產生的現象，趨吉避凶為人類的天性，也是投資者的衷心願望。投資者心目中，相同報酬條件下之不同投資標的，他們總是偏好風險較低的投資；而相同風險條件下的兩種投資方案，投資者則偏好報酬率較高的選項。

因為一般人都屬於**風險怯避**（risk averse）的投資者，代表在現有報酬與風險條件下，若要他們承擔更多風險，則該投資的報酬不但要增加，而且「報酬增加幅度一定要大於風險增加幅度」時，才能吸引投資人繼續投資。

然而，在客觀的投資市場中，風險與報酬往往呈現相同趨勢。高報酬率之投資標的，隱含著高投資風險；而低風險之投資標的，則產生的報酬率也偏低。禍福相依，風險與報酬恰似孿生兄弟，同胎而生、結伴而行。因此，如何瞭解客觀事實並分析後，慎選證券以滿足投資人的主觀意願，就成為投資理論的專注焦點。

證券的未來報酬在投資當時並不可預知，所以**投資學**（Investments）說明各種準則、工具或方法，以推測證券的未來報酬或風險。在此強調一點，投資學理論幫助投資人掌握未來的「可能」變化，卻不代表未來事實的真相。

「工欲善於事，必先利其器」，然而器再利，終究不是事的本身。報酬與風險並不是分析者的單純理論運用，而是投資人的切身利害問題。證券投資理論雖然採用嚴謹邏輯，推導報酬與風險的可能狀況，但這些狀況往往遭遇偶然因素衝擊後，改變了原有面貌。因此，投資活動需要投資者的膽識，「如人飲水，冷暖自知」，涉身其間時，才更能體會報酬與風險在投資活動的重要性。

第 3 節　證券市場簡介

證券的種類固然很多，對非營利事業經營者而言，信用工具是最值得瞭解的證券。長期信用工具，例如：股票、**公司債**（corporate bonds）與**政府公債**（government bonds），這些工具的發行與流通市場，稱為**資本市場**（capital markets）；相對地來說，**商業本票**（commercial papers）、**定期存單**（certificate of deposits）、**銀行承兌匯票**（banker's acceptance）與**國庫券**（treasury bills）等短期信用工具的發行與流通市場，則稱為**貨幣市場**（money markets）。

證券發行有兩種：非公開發行與公開發行。非公開發行證券不可在公開市場銷售。為了要公開發行，非公開發行證券經過主管機關核可後，才能合法地在公開市場進行交易。

證券初級市場（primary markets）又稱為**發行市場**（issuing markets）。初級市場由證券發起人、購買人及中間人所組成。證券商在證券初級市場中，扮演重要的角色，分成三種類型：**證券經紀商**（brokers）、證券承銷商與**證券自營商**（dealers）。

證券經紀商是證券流通的交易中間人。證券承銷商為證券的承銷中間

人，包括：金融機構的信託部或儲蓄部，以及證券自營商。最後，證券自營商代表證券的自行買賣人，包含大型證券商與信託投資公司。證券交易所中，證券自營商可自行買賣證券；除此以外，證券自營商與經紀商為了賺取手續費，也可接受客戶委託而代為買賣證券。

證券的**次級市場**（secondary markets），為證券發行後的買賣交易市場，次級市場包含：**證券交易所市場**（stock exchange markets）與**櫃檯市場**（Over-The-Counter markets, OTC）。

☙證券交易所☙

證券交易所為證券集中買賣的地方。證券向主管機關申請後，在交易所掛牌並集中買賣的過程，稱為**證券上市**（listing of security）。投資人大多不是證券交易所的會員，所以不能在交易所直接進行交易。為了買賣證券，投資人須與證券經紀商簽立委託契約，俗稱「開戶」。開戶後的投資人，就成為受託經紀商的客戶，且能透過經紀商從事證券買賣。

投資人與證券經紀商的委託契約內容，包含：買賣證券的種類、數量、價格與時間。常見的買賣委託有三種類型，包含：（1）**市價委託**（market order）、（2）**限制條件委託**（limit order）以及（3）特殊型式委託。

投資人透過市價委託的交易方式，委託經紀商依市場交易價格買賣證券。限制條件委託則代表投資人的委託，可限制在證券價格或買賣時間。最後，特殊型式委託，則依投資人與經紀商彼此間的協定，而有所不同。

交易所內的不同投資人，在證券願意買入與願意賣出的價格相同時，就達成交易行為，俗稱「成交」。透過交易所的集中交易，股票買賣的雙方不必見面就完成交易。舉例來說：投資人因為看跌而賣掉台積電股票，卻不知道是台積電的董事長買了您的股票；相對地來說，如果因為看漲而買到了鴻海精密的股票呢？也可能因此買到了該公司創辦人，在股票市場賣出的股

票！因此，投資人應該抱持著「得之勿喜、失之勿悲」的心情而買賣股票。

　　證券買賣的交割，通常以現金與現貨為準，然而為了擴充證券市場信用，兼顧供給與需求之間的調節，以促進證券市場健全發展，所以政府通常都會透過立法，允許大型券商提供融資與**融券**（short sale）的服務給投資人。

　　投資人在證券商開立融資戶後，只須繳納一定比率的自備款，就可以買進證券。至於剩餘不足的款項，則在買進證券，且證券交由券商保管的前提下，由券商代墊。證券價格下跌到一定程度時，券商要求投資人**補足融資**（margin call）。如果投資人無法補足損失的融資金額時，券商可將客戶的抵押證券賣出，並取得現金求償後，將剩餘金額退還給投資人。這種不經投資人同意而賣出抵押證券的行為，俗稱「斷頭」。

　　以下說明，依據證券市場所在地點之不同，分別介紹台灣、美國與中國的證券市場。

台灣的證券交易所市場

　　台灣證券交易所在一九六二年成立，採股份有限公司制度，且股東由法人所組成。證券交易所審查未公開發行公司的申請掛牌案件後，報請主管機關「金融監督管理委員會之證券期貨局」核准後，擇期掛牌買賣。台灣目前的公開發行證券，是以股票與公司債為主。二○○八年三月時，上市公司股票分為水泥工業、食品工業、塑膠工業等二十八類，合計六百九十三家。

　　證券交易過程中，投資人可買賣的種類非常多，所以交易所對各種證券規定最低交易單位。就上市公司股票而言，交易所規定每股面額新台幣十元，且以一千股為交易單位；至於公司債與政府公債，則多以面額十萬元為交易單位。

　　投資人買一張股票的成交價，不見得等於面額一萬元，因為股票價格是

由市場供需決定。當股價為每股六十元時，代表該公司獲利情況良好，所以投資人願意用高過面額十元的價格購買，此時一張股票就由面額一萬元變成了市價六萬元。另方面，債券雖以面額十萬元為交易單位，而債券也有折價與溢價出售的情況，所以也不必然是花了十萬元就可買到一張債券。

證券交易價格隨著每日供需而有所變動，交易所為了防止人為操縱股價，從而影響投資人利益，所以訂定每日股價的漲跌幅度限制。依台灣證券交易所的營業細則規定，二〇〇八年的股價每日升降幅度為 7%；而債券價格的漲跌幅度，是以該債券前一日收盤價格的 5% 為限。當證券價格在交易當日漲到最高限額時，稱為「漲停板」；相對地來說，價格跌到最低限額時則稱為「跌停板」。

台灣的櫃檯買賣市場

櫃檯買賣市場中的證券為場外交易，而不是前述交易所的證券集中交易。議價方式為經紀商或自營商透過電腦、或電話網路直接交涉，以共同議價的方式完成交易。

台灣的證券市場起源於櫃檯買賣。早期交易證券包含：一九四九年發行的愛國債券、一九五四年的台泥與台紙等公司股票及土地債券。這些證券交易缺乏適當管理而弊病叢生，所以政府在一九六二年時，決定停止證券的場外交易。

台灣的證券管理委員會，直到一九八二年訂定「證券商營業處所買賣有價證券管理辦法」後，才再度開放債券之櫃檯買賣。關於股票的櫃檯買賣，則在一九八八年成立「櫃檯買賣服務中心」後才開始。現在的「櫃檯買賣中心」成立於一九九四年，為櫃檯買賣服務中心之後繼機構。二〇〇八年四月時，台灣的上櫃公司股票家數，總計有五百四十六家。

台灣的興櫃市場

興櫃市場的證券交易相同於櫃檯買賣中心，也是個別議價方式而進行的證券場外交易。台灣的興櫃市場開始於二〇〇二年，是由櫃檯買賣中心負責管理，此市場成立之目的，在於將未上市（櫃）股票納入合法證券體系中，以公開透明方式進行股票交易。二〇〇八年四月時，興櫃公司股票家數計有二百四十家。

台灣的期貨與選擇權市場

台灣的期貨市場自一九九三年頒佈「國外期貨交易法」後，合法的期貨交易正式展開。初期開放之投資標的，為國外期貨交易所的期貨契約。對台灣投資人而言，除了兩地時差外，國外的資訊也難立即取得。在與國外投資人資訊不對稱的情況下，期貨市場開放初期的交易規模並不大。

一九九七年頒布「期貨交易法」，並在同年九月成立台灣期貨交易所後，才開始有專屬於台灣的期貨商品，且期貨市場規模也隨之逐年上升。以台灣的期貨交易人開戶數而言，從一九九八年的十四萬戶，逐年增加到二〇〇七年的一百一十五萬戶，市場總交易量也從一九九八年的二十八萬口契約，全球排名第五十七，逐年上升到二〇〇六年的一億一千四百萬口契約，且全球排名第十八的期貨市場。

台灣現有的期貨與選擇權商品有五大類型，包含：**股價指數期貨**（stock index futures）、**利率期貨**（interest rate futures）、**商品期貨**（commodity futures）、**指數選擇權**（stock index options）與**股票選擇權**（stock options）。分別說明如下：

就股價指數期貨而言，在二〇〇八年有六種商品，包含：台股期貨、電子期貨、金融期貨、小型台指期貨、台指五十期貨與用美元計價的MSCI台指

期貨。

利率期貨有兩種，分別是：十年期政府債券期貨，以及三十天期商業本票利率期貨。

商品期貨開始於二〇〇六年，屬於五類衍生性商品中最新型之產品，目前只有美元計價的黃金期貨。

指數選擇權有四種商品，包含：台指選擇權、電子選擇權、金融選擇權與美元計價的 MSCI 台指選擇權。

股票選擇權方面，是以單一股票為標的而衍生的選擇權。台灣的股票選擇權目前有三十檔，以電子股與金融股的股票選擇權為主。舉例來說：電子股的選擇權包含台積電選擇權，以及明基電通的股票選擇權。至於金融類股的選擇權，則大多以金融控股公司之股票為標的。例如：富邦金控選擇權，以及兆豐金控選擇權。

美國的交易所市場

美國的證券交易所，分為全國性的交易所與區域性的交易所。全國性的交易所有兩家，分別是：**紐約證券交易所**（New York Stock Exchange Euronext, NYSE Euronext）以及**美國證券交易所**（American Stock Exchange, Amex）。區域性的交易所，則以**波士頓證券交易所**（Boston Exchange）與**太平洋證券交易所**（Pacific Exchange）為代表。

紐約證券交易所起源於一七九二年，為全世界最大的股票交易所市場。紐約證券交易所的年度總成交股值，約占美國總交易值的 85％。二〇〇七年十二月時，該交易所的上市公司家數為二千八百零五家，總市值為美金二十七萬億元。紐約證券交易所掛牌的公司中，也包含四百二十一家非美國本土的公司，舉例來說：台灣的台積電、聯電與中華電信等五家公司，除了台灣的交易所掛牌上市外，也選擇在美國的交易所掛牌。

美國證券交易所（Amex）之交易標的，相對於紐約證券交易所的上市公司而言，大多屬於規模略小，或成立時間比較短的公司。雖然美國證券交易所也屬於全國性的證券交易所，不過該交易所的年度總成交股值，僅占美國總交易股值的5%。

一般而言，全國性的交易所只允許規模大且穩定性高的公司，掛牌上市交易，而無法在此種交易所掛牌上市的公司，則選擇在區域性的交易所掛牌交易。這種「雙元掛牌」制度使得區域性的證券經紀商，不必擁有紐約證券交易所的會員資格，也能夠買賣大型公司的股票。區域性證券交易所的年度總成交股值，約占全國總交易股值的10%。

美國上市公司股票是以一百股為交易單位，投資人透過**營業員**（brokers）的協助，在集中市場以競價方式買賣股票。除此以外，股票面額也沒有特定金額的限制，所以上市公司的股價過高且影響到股票流通量時，就可選擇進行**股票分割**（stock split）。舉例來說。一分為二的切割，則分割後的股票面值減半，股價則依據市場供需調節而定。相對地來說，台灣的上市（櫃）公司股票，面值必須為十元，所以台灣的證券市場到目前為止，都沒有股票分割的情形發生。

美國的櫃檯買賣市場

櫃檯買賣市場又稱為店頭市場，是買賣未上市證券的交易場所。一般人都誤以為在店頭市場交易的股票，都是公開發行不久，規模較小，且名不見經傳的公司。事實上在美國的店頭市場中，也有許多知名企業掛牌進行交易。例如：**微軟**（Microsoft）、**英特爾**（Intel）與**蘋果電腦**（Apple Computer）。這些公司都可在紐約證券交易所掛牌，卻選擇在店頭市場透過**自營商**（dealers），以手中持有現貨的方式議價交易。

店頭市場掛牌交易的公司，相較於證券交易所的上市公司而言，沒

有會員資格的限制，也沒有嚴格的證券掛牌規定。美國全國券商協會，在一九七一年發展了**那斯達克自動報價系統**（National Associate of Securities Dealers Automated Quotation system, NASDAQ），此系統提供自營商買賣未上市股票的報價系統，所以美國店頭市場也俗稱那斯達克市場。

美國的期貨與選擇權市場

美國最大的兩個期貨交易所為：**芝加哥期貨交易所**（Chicago Board of Trade, CBOT）與**芝加哥商業交易所**（Chicago Mercantile Exchange, CME）。芝加哥期貨交易所成立於一八四八年，交易標的物是以穀物為主，包含：玉米、燕麥（oats）、黃豆、黃豆油、小麥（wheat）。除此以外，也有美國的長期、中期債券期貨。

芝加哥商業交易所成立於一八七四年，交易標的物是以易腐爛之農產品為標的，例如：奶油、雞蛋、豬肚、活牛及活豬。除此以外，也提供**史坦普500**（Standard and Poor 500, S&P 500）股價指數的期貨合約，以及外匯期貨合約。

美國的選擇權市場起步比期貨市場晚一百年，芝加哥期貨交易所在一九七三年時，另外設立**芝加哥選擇權交易所**（Chicago Board Options Exchanges, CBOE），以專注於股票選擇權的交易。在此之後的選擇權市場，就如雨後春筍般地越來越興盛。在一九八○年代時，選擇權的單日股票交易量，已經超越了紐約證券交易所的每日股票交易量！

目前美國的選擇權市場除了股票選擇權外，也提供各種標的物所衍生選擇權契約，**費城交易所**（Philadelphia Stock Exchange, PSE）以交易外匯選擇權為主，芝加哥選擇權交易所則提供各種股價指數所衍生的選擇權。除此以外，大多數提供期貨契約的交易所，也提供期貨選擇權的商品，舉例來說：芝加哥期貨交易所就有發行玉米期貨選擇權。

中國的證券市場

中國的經濟改革開放後，在一九九〇年成立上海證券交易所，這是近代中國的第一間證券交易所。接著在一九九一年，深圳證券交易所也隨之成立。未上市公司須向中國的證券監理會申請，通過後才可以證券交易所中，掛牌交易。

中國證券市場交易的股票大多以國營企業為主，包含：A股及B股。以A、B股將投資人區分為國內與國外投資人後，分開進行股票交易，為中國證券市場的獨特之處。

A股市場掛牌的股票是以人民幣報價，面值為人民幣一元，具有中國身份的法人組織與個人（不包含台灣人、香港人、澳門人）才可購買。A股的交易股數以一百股為單位，漲跌幅限制在二〇〇八年為10%。A股以傳統類股、生化、高科技與網路股為主。相較於B類股而言，A股種類較多、流通性較佳與開戶人數眾多。

B股的報價方式有兩種：上海證券交易所的B股以美元報價、深圳證券交易所的B股則以港幣報價。B股買賣最早只限境外人士購買，在二〇〇一年以後才開放給境內人士購買。B股的公司股本偏低，且以傳統產業為主。

除了A股、B股外，中國公司所發行的股票還包含H股及紅籌股。H股為境內發行，經過中國證券監理會審核批准後，在香港掛牌上市的股票。H股以國營企業為主，所以又稱為「國企股」。通常在中國同時發行A股、B股的國營企業，也會選擇在香港發行H股，以從不同的證券市場募集資金。

紅籌股也是中國的國營企業所發行，這些公司繞過中國證券監理會的審核批准，而以香港的子公司為名在香港上市，例如：中旅集團、招商局、越秀投資與中國海外建築。至於沒有在香港上市資格的中資企業，也有些公司透過購買香港上市公司的空殼，取得在香港上市的資格，例如：首長國際。

這些在香港上市的中資企業，因為中國的國旗是以紅色為主，所以香港市場稱這些香港中資企業的股票為「紅籌股」，以別於香港恆生指數的**藍籌股**（blue chips stocks）。

🏵 第 4 節　股票與債券的權益

證券的種類雖多，但對非營利事業的經營者而言，股票與債券比較重要。一般來說：股票依權益之不同，分成普通股股票與**特別股股票**（preferred stocks）；債券則因發行主體之不同，而區分成**公司債**（corporate bonds）與**政府公債**（government bonds）。

∞ 普通股 ∞

普通股股票為營利公司發行的有價證券，每股帳面金額乘上發行且流通在外股數，就是該公司的投入**股本**（paid-in capital），俗稱資本額。公司股東擁有普通股股票，股東大會則是公司的最高權力機構。

普通股股票所能提供的權益有四項，包含：（1）股利分配權、（2）參與經營權、（3）新股優先認購權與（4）剩餘資產求償權。分述如下：

（1）股利分配權：股東購買普通股之目的在於獲取收益。公司每年的稅後盈餘，除了以健全財務結構或未來投資用途之原因，保留部份在公司外，剩餘盈餘就依持股比例發放給股東。這些發放給股東的盈餘稱為**股利**（dividends），對於長期持有股票的股東而言，股利收入為購買普通股之主要報酬。

（2）**參與經營權**（voting rights）：股東可在股東大會中，表決公司重大議案，選舉董事及監事，以及檢查帳簿記錄，所以股東透過股東大會，影

響公司的經營決策。但是對上市（櫃）公司而言，股東人數往往非常多，造成小股東「人微言輕」；另方面，少數大股東卻可透過董事與監事選舉，直接參與公司管理，甚至控制公司的營運方針。因此，投資人在選擇投資標的時，也必須考慮上市（櫃）公司的大股東組成。

（3）新股優先認購權：公司往往透過發行新股以募集資金。新股認購書亦是證券的一種，可於市場上轉讓，這些新股認購書除保留部份由公司員工認購外，其餘可由原有股東依持股多寡比例認購。

（4）**剩餘資產求償權**（residual claims）：公司因為解散而清算後的資產處分金額，除了必須優先償還債務外，剩餘金額就依股東的持股多寡，比例分配還給股東，此種權益稱為剩餘資產求償權。一般來說，公司經營不善而倒閉時，資產處分掉而得到的現金，常不夠償還債權人。因此，對持有上市公司股票的股東而言，他們都很擔心公司下市，因為下市後的股票不能夠公開交易。除此以外，股東更擔心下市公司倒閉，因為公司倒閉後就算有剩餘資產求償權，還是無法得到任何補償。

相對於剩餘資產求償權，當公司資產處分金額不足以償還債權人時，股東不但拿不到任何錢，還需要償還公司所欠的負債嗎？答案是上市（櫃）公司都是以**有限責任**（limited liabilities）方式存在，有限責任代表股東不必為公司負債承擔任何責任。對投資人而言，持有公司股票的最大損失，就是當初投資的股票變成「壁紙」，然後血本無歸。

特別股

特別股又稱為優先股，其優先權益主要在於股利與剩餘財產分配權；相對地來說，特別股在參與經營權及新股認購權方面，則受到比較多限制。因此，相對於普通股而言，特別股的風險與權益都比較低。

特別股因發行公司之章程規定不同，而有顯著差異，常見的優先權有

五種，分別是：（1）召回權、（2）轉換權、（3）贖回權、（4）投票權與（5）股利分配權。這五種類型並不互斥，特別股可同時包含一到數種權益條款，舉例來說：公司發行可贖回、可轉換又可優先分配股利的特別股。

特別股的優先權益中，除了召回權對發行公司有利外，其他四種都對公司不利，不過這也是為了吸引投資人資金而做的決定。以下詳述此五種優先權益：

（1）召回權：特別股依召回權的有無，而分成可**召回特別股**（callable preferred stocks）與**不可召回特別股**（non-callable preferred stocks）。可召回特別股在發行一段時間後，公司可依當初約定價格，以盈餘或發行新股募集資金的方式，買回流通在外之特別股。當公司決定召回時，特別股股東不得異議，必須配合公司政策。至於不可召回特別股，代表公司無權主動要求特別股股東，將股票賣回給發行公司。

（2）轉換權：特別股依是否可以轉換成普通股，而分成**可轉換特別股**（convertible preferred stocks）與**不可轉換特別股**（non-convertible preferred stocks）。可轉換特別股在發行一段時間後，可依當初約定的**轉換比率**（conversion ratio），將特別股轉換成普通股。當特別股股東決定轉換時，公司的經營階層不得異議，必須配合股東意願。

召回權與轉換權之基本差異，為召回權的**權利**（rights）在發行公司，而轉換權的權利屬於股東。只有在召回特別股對公司有利時，公司才選擇召回；另方面來說，當公司股價上升到一定程度，且轉換後有利可圖時，股東才會選擇放棄繼續持有，而將特別股轉換成普通股。

（3）贖回權：特別股依贖回權的有無，而分為**可贖回特別股**（redeemable preferred stocks）與**不可贖回特別股**（non-redeemable preferred stocks）。贖回權是在發行特別股時，為了使投資人更為放心而訂下的條款，公司必須在特定時間，分批買回流通在外的特別股。這種條款使特別股很像債券，所

以財務報表分析時，可贖回特別股被視為負債而不是權益。

（4）表決權：特別股依是否具有表決權，而分成**有表決權特別股**（voting preferred stocks）與**無表決權特別股**（non-voting preferred stocks）。雖然此條款下，特別股股東可以擁有表決權，但是他們的表決權效力，比不上普通股股東。

（5）股利分配權：特別股除了具有優先分配股息外，也能參與公司的股利分配時，就稱為**參與特別股**（participating preferred stock），此條款在特別股比較少見。

公司債

公司債為公司向外借款的正式書面承諾，表示要在將來特定時間，償還特定金額之債務。債券未到期時，公司依事先約定的日期與利率，支付利息給債券持有人。為了確保債權人權益，公司透過受託人（trustee）協助，發行債券。金融機構收取公司的相關費用後，扮演受託人角色，受託人對債券持有人保證，發行公司依債券條款履行承諾。債券發行公司違背承諾時，則受託人需買回公司債。

對債券投資人而言，持有公司債的最大權益來自於獲取債息。公司債的權益條款包含四種類型，分別是：（1）召回權、（2）轉換權、（3）擔保權益與（4）記名權益。相似於前述特別股權益，債券的四種權益類型，也不互斥。舉例來說：公司可以發行可召回、可轉換，且具有擔保品的債券。

（1）召回權：公司債的權益條款中，可依是否在到期日之前買回，區分成：可提前**召回公司債**（callable bonds）與**不可提前召回公司債**（non-callable bonds）。

（2）轉換權：公司債為公司的債務。為了強化公司的財務結構，公司債發行一段時間後，在特定條件下可轉換成普通股，此種債券稱為**可轉換公**

司債（convertible bonds），俗稱「可轉債」。可轉債為公司債與股票的混血兒，兼具債券安全性與股票獲利性，而被投資大眾重視。

公司債的召回權與轉換權之基本差異，相似於前述特別股的召回權與轉換權。也就是說：召回權的權利在發行公司，而轉換權的權利則在公司債持有人。

（3）擔保權益：公司債因擔保品的有無，區分成**擔保公司債**（secured bonds）與**信用公司債**（debenture bonds）。擔保公司債又因擔保品為不動產或動產，進一步地分成**抵押公司債**（mortgage bonds）與**質押公司債**（collateral bonds）。

（4）記名權益：公司債因記名與否，分成：**記名公司債**（registered bonds）與**不記名公司債**（bearer bonds）。在美國的電影中（例如：布魯斯威利主演的終極警探第一集，Die hard），不記名債券常是大盜偏好搶奪的證券，原因在於此種債券屬於持有人，而持有人不必然是債券購買人。不記名債券的利息支付是**憑息單**（coupons）領取，所以也稱為**息單公司債**（coupon bonds）。

政府公債

債券市場中除了公司債外，也包含政府公債。政府發行的債券，代表政府對民間借債之證明文件，不論以**國庫券**（treasury bills）、**票據**（notes）、或**債券**（bonds）名稱出現；也不管以一般公債、或愛國、年度、建設名義發行，投資人持有公債之目的在於獲得債息。因此，就投資立場而言，政府公債與公司債並無顯著不同。

第 5 節　股票與債券的評價

公司的資金來源不是股東權益就是負債。就股東權益而言，**普通股股票**（common stocks）代表股東的權益憑證。為了保護投資大眾，政府對股票發行、轉讓與股利發放，都有明確規定；相對地來說，股東的權利與義務也都有明文法律，以規範利害關係人之經濟行為。

股票的評價

股票價值決定於它能夠帶給股東之經濟利益。理論上來說，依據前述探討的四項股東權益，計算出每項權益的價值與加總後，就可得到股票總價值，但是此種計算方法比較複雜。實務上的股票評價有許多種方法，比較正確的一種為站在投資人觀點，估計股票未來所能產生的經濟利益，並加以折現與加總後，就計算出股票價值。

在第三章會計學原理中，曾經提到公司「永續存在」的假設。如果投資人購買股票後打算永遠持有，則在股票評價時只需考慮未來可能收到的股利，並加以折現與加總後，即可計算出股票價值。

投資人會永遠持有股票嗎？在美國史丹福大學的例子中，善心人士以股票捐贈給該校，指定股票不可買賣，且該校只能運用股票的每年股利時，這種**捐贈**（endowment）就會造成該校永遠持有特定的股票。

至於股利折現時，應該選擇何種折現率呢？相同於第四章的資本預算折現率觀念，股利在折成現值時，採用之折現率等於證券市場中，能夠產生該股利現金流量相同風險的**機會成本**（opportunity costs）。

除了永遠持有股票外，大多數投資人持有股票的時間都有限，所以評價股票時，就必須考慮**股利**（dividends）與買賣價差。**資本利得**（capital gains）代表股票的賣價高於買價，投資人因此而獲利；相對地來說，當股票

買價高於賣價時,則產生了**資本損失**(capital losses)。估計未來收到的股利及買賣價差,並用正確的資金成本加以折現與加總後,投資人就可計算出股票的價值。

債券的價值

就負債而言,短期負債增加而產生的現金,可做為公司短期周轉之用;相對地來說,長期負債的產生原因,則往往是為了資本購置。經營者決定透過發行債券取得資本財源時,除了考慮期限與利率等因素外,更要考慮該決策對資金成本、現有公司債與現有股票價值的影響。

對於公司債與政府公債而言,只要是債券就必須支付利息,且在到期日償還本金。利息支付可能是一次付清,也可能是分期支付,必須要看**債券條款**(covenants)而定。

公司債的價值,決定於它能夠帶給債權人之經濟利益。影響債券價值的因素有三項,包含:每期債息支付、貼現率與債券存續期間。公司發行債券時,可以主觀決定債息之多寡。至於債券貼現率,又稱為市場利率,則決定在發行公司的本身信用,以及證券市場的資金供需。

舉例來說:三年到期政府公債的年利率為 5%,則台塑公司發行三年到期公司債時,該債券的市場利率就會高於政府公債利率。這就好比當自然人向銀行借錢時,因為每個人信用不同,所以借錢利率也因此而有所差異。

債券按面額十萬元或不按面額出售,決定於債息百分率與貼現率的相對高低。當債息百分率高於貼現率時,債券溢價出售,此時債券可以用超過十萬元的價錢,出售給投資人。相對地來說,債息百分率低於貼現率時,則每張債券只能以低於十萬元的價錢,向市場募集資金。最後,當債息百分率等於貼現率時,債券依面額出售。

債券為什麼要折、溢價出售呢?債券發行公司通過了主管機關許可,且

決定債券發行總面額後（例如：新台幣十億元），想向投資大眾募集更多資金時，就會選擇溢價發行。此時對發行公司來說，雖然短期內可獲得更多資金，但是將來支付債息的時候，也要付比較多利息給債券持有人。

相對地來說，債券發行公司不願在未來支付太多債息時，就會選擇折價發行。此時對發行公司來說，雖然短期內募集到的資金，低於發行的債券總面額，但是將來支付債息的時候，每一期負擔會比較輕。

債券不論是溢價或折價出售，隨著時間消逝且越接近到期日時，則債券的市場價格就會逐漸接近面額。原因在於債券的價值，等於面額折現後，再加上未來各期利息的總折現值，當距離到期日越近時，債券未來各期利息的總折現值將越來越低，而面額現值則逐漸上升到接近面額。一去一來後，最後債券的市場價格就會逐漸接近面額。

第 6 節　股票與債券的市場價格

商品價格決定在商品的供給與需求，證券價格也決定在投資人對該證券的供給與需求，所以證券的市場價格不必然等於價值。以下針對股票與債券這兩種證券，分別探討影響其價格的因素。

股票價格

影響股票價格的因素，可由需求面與供給面加以說明。就需求面而言：預期報酬提高為股票需求增加的主要原因，只要造成預期報酬變動的因素，都會造成股票需求改變。舉例來說：新產品研發成功、產品市場占有率提高、與其他公司的**購買與合併**（merges and acquisitions）順利、公司稅賦減低、外在經濟環境景氣上升、貨幣供給量增加、股票融資率提高，這些都是

促使股票需求增加的經濟因素。除此以外，政府法令、政治安定與否、投資大眾的心理預期，也可以使股票需求產生變動。

從股票供給面來看，關鍵因素在於成本，所以只要影響公司成本之變數，都會造成股票供給的變動。舉例來說：保留盈餘多寡、生產成本的預期改變、物價水準起伏與銀行放款利率調整，都會造成公司經營成本改變。

在此必須注意一點：股市的供給者與需求者，不同於一般商品市場的供給者與需求者。一般商品的供需，是由兩種不同經濟個體分別進行；相對地來說，人們進入或退出證券市場的活動，極少受到限制，所以投資人可能今天是股市供給者，明天就變成股市需求者。

關於上面的觀念，可進一步地用例子加以說明。假設在商品市場中，台灣大學向宏碁公司訂購一批電腦，以提供該校的教學之用。例子中的需求者與供給者間，涇渭分明。因為台灣大學就是電腦商品需求者，而宏碁公司則代表電腦供應商。

台灣大學是以教學與研究為主，該校要轉變成電腦製造的營利公司？這種可能性微乎其微。另方面來說，做為生產自有品牌電腦的宏碁公司，從供應商變成電腦需求者的可能性也不高。

相對於商品市場，在股票買賣的市場中，需求者與供給者之間的界線就比較模糊。當市場價格低於股票預期價格時，投資人紛紛買入股票；相對地來說，市場價格高於預期時，則投資人急於賣出股票。這時上午九點的股票需求者，可能買進股票一小時後，當天上午又變成了股票供給者。

因此，股價起伏固然由供需決定，但影響供需的因素既多，且投資人扮演的經濟角色，也隨著股價波動而改變。當特定股票之需求量高過供給量時，該股票的市場價格就因此而水漲船高；相對地來說，當需求量低於供給量，則股票價格就因此而下跌。在瞬息萬變的股市中股價一日數變，不足為奇。

股價指數

股價指數（stock index）是以比率或倍數方式，表示股市價格的一般水準。股價指數的編製，通常是以某一時期股價平均數為基準，從而求取不同時期股價平均數的相對變動百分比。因為股價指數編製牽涉到二個以上時期，所以基期選擇會影響到指數的大小。

股價指數代表股市價格的一般水準，所以股票投資人對未來信心不足，就會造成股價指數下跌；相對地來說，如果投資大眾對未來經濟看好，則股價指數就會上漲。因此，股價指數高低，可以看成是一個國家未來經濟情況的領先指標。

當股價指數大漲時，代表大多數上市公司的股票價格，漲多跌少。另方面來說，當投資大眾對股市前景感到悲觀，且急著賣出手上持股時，則大多數公司的股價將下跌，而股價指數也因此隨之往下調降。

台灣的股價指數編製開始於一九六二年，目前的台灣發行量加權股價指數，為根據發行量為權數的**柏謝加權公式**（Passche formula），計算而得。此計算方法與**美國標準普爾指數**（Standard & Poor's Index）的公式相同，屬於市值加權指數。台灣發行量加權股價指數屬於定基指數的一種，編製時包含台灣所有上市公司，且以一九六六年為基期。

相對於台灣的發行量加權股價指數，台灣五十指數為台灣證券交易所與英國富時指數公司合作，在二○○二年推出的指數，此指數僅挑選五十家績優公司，做為指數編製的採樣公司。

美國的**道瓊工業指數**（Dow Jones Industrial Average, DJIA）從一八九六年開始編製，目前的指數為該國三十家大型公司的股價，以**價格加權平均值之方法**（price weighted average）計算而得。道瓊工業指數中的採樣公司，都屬於美國各產業中的知名企業，例如：美國電話電報（AT＆T）、可

口可樂（Coca Cola）、英特爾（Intel）、國際商業機器（IBM）、麥當勞（Mcdonald's）、微軟（Microsoft）與華特迪斯奈（Walt Disney）。

　　道瓊工業指數只有三十家樣本公司，而價格加權的計算方式也沒有考量公司市值，所以**標準普爾五百指數**（S&P 500 index）隨之誕生，以彌補道瓊工業指數之不足。標準普爾五百指數，是以五百家上市公司做為指數編製的採樣公司，且以**市值加權指數**（market value weighted average）之方法，計算指數。

　　除了美國的道瓊工業指數、標準普爾五百指數外，其他國家的股價指數中，對台灣投資人來說，比較重要的有：**日經二二五指數**（Nikkei 225 index）、**富時指數**（FTSE index）、DAX 指數與香港恆生指數。說明如下：

　　日經二二五指數是以**東京證券交易所**（Tokyo Stock Exchange, TSE）的上市績優公司，採用價格加權方法編製而成的指數。富時指數則是**倫敦證券交易所**（London Stock Exchange, LSE）中，最具規模的一百家公司為基礎，根據價值加權方法計算而得的指數。DAX 指數為德國最重要的指數。最後，香港恆生指數則以香港證券交易所中，占證券市場總市值七成的三十三家公司做為採樣公司，從而計算出來的股價指數。

債券價格

　　債券價格的主要影響因素有兩種，包含：**違約風險**（default risk）與貼現率。當發行公司經營不善而破產時，就無法在未來支付債券的利息與本金，此時債券價格等於公司資產清算，且依求償優先順位排序後，債券持有人所能得到的補償金額。

　　如果公司能夠依照債券條款約定，按時發放利息與本金，則對債券投資人而言，是不是就沒有面對任何風險？答案是債券貼現率的未來改變，還是會造成債券的市場價格變動。貼現率上升時，則債券價格下跌，投資人因此

而蒙受損失;相對地來說,債券持有人因為貼現率下跌後出售債券,而得到投資債券的資本利得。

看完了上面的說明,或許有人會問:投資人買債券後,發行公司依照當初約定付錢,投資人何來利得與損失呢?這要從機會成本的角度來看。舉例來說:假設投資人昨天用十萬元買一張公司債,利率 5%。投資人以面額買債券,所以該債券昨天的貼現率也是 5%。

如果今天貼現率上升成 10%,則今天十萬元可以買到按面額出售,且債券利率為 10% 的債券,而不是昨天那一張只能付 5% 利率的債券,所以昨天購買債券的投資人,如果想在今天脫手,則昨天債券只有在今天降價求售,才有投資人願意購買。在這個例子中,就算債券公司今天不違約,投資人還是因為買了昨天的債券,而在今天蒙受損失。

債券貼現率對債券價格的影響是如此重要,那麼又是什麼原因會影響貼現率呢?這要從中央銀行、投資人與債券發行公司等三方面,加以說明。

中央銀行(在美國稱為聯邦準備銀行)是影響一個國家貨幣供給的最重要機構。中央銀行不但印製鈔票以增加市場的貨幣供給,也可透過準備金制度、貼現窗口制度、公開市場操作、金融機構轉存款、選擇性信用管理等工具,直接或間接地影響市場的貨幣供給。

而從投資人的角度來看,因為債券發行的存續期間可能很長,所以投資人的所得、**流動性偏好**(liquidity preference)程度與**消費傾向**(propensity to consume)的改變,甚至投資理財觀念之提升,當然也會影響到債券市場的資金供需,從而影響到債券貼現率。

當市場的貨幣需求大於供給時,對發行債券公司來說,只有提供更高的利率,才能吸引投資人購買債券,所以債券的貼現率隨之上升;相對地來說,貨幣供給大於需求時,債券貼現率隨之下降。

最後,公司債發行的存續期間中,可能今日的明星公司,逐漸變成明日

黃花。換句話說，公司的信用評等，會因未來經營狀況而改變。當公司的經營如江河日下時，信用評等隨之調低，債券折現率因此而上升，則投資人將因為持有公司債而損失；相對地來說，當公司的經營蒸蒸日上時，則投資人將因為賣出公司債，而獲得資本利得的投資收入。

第 7 節　投資組合理論

傳統的風險性資產分析方法，是以**單一證券**（security）為討論對象。此種方法為考慮未來各種可能狀況下的機率，運用適當決策法則後，協助投資人選取投資標的。

相對於過去的有限選項，現代經濟社會中的投資人選擇非常多。舉例來說：投資人可持有現金、銀行存款，或購買股票、債券、房地產，甚至期貨、選擇權等有價證券，所以對現代投資人而言，同時持有二種以上的證券組合比較常見。因此，風險性資產的投資分析不再限於單一證券，而是就整個投資組合的報酬與風險，全面地同時考慮。

關於近代投資組合理論，可用簡單例子加以說明。假設投資人昨天用一百萬元購買了甲、乙各一張市價五十萬元的股票。今天甲股票上漲為八十萬元，乙股票下跌為二十萬元，則投資人的股票總市值還是等於一百萬元。

現在，如果投資人昨天用一百萬元買兩張甲股票呢？那麼該投資人在今天的股票投資就變成一百六十萬元；相對地來說，投資人昨天只買乙股票，則今天就住進了「套房」，因為她的投資就縮水到只剩四十萬元了。

從上面例子可以瞭解到分散投資的優點。在分散投資的決策中，如果兩支股票的漲跌關係，呈現一漲一跌的互補現象時，則兩支股票所構成的投資組合風險，就比持有一支股票所面對的投資風險，下降許多。

雖然買股票的人，都期望買到將來會增值的股票，但是未來究竟會發生什麼事？往往無法於投資當時就預先知道。因此，分散投資可以降低投資收入的不確定性，也就是降低投資風險。**非系統風險**（unsystematic risk）專指單一股票所具有的投資風險中，能夠因為分散投資而降低的風險。

近代投資組合理論就是建築在上述的簡單想法之上，為了使不同股價的股票更易於比較，**馬克維茲**（H. Markowitz）捨棄了股價的絕對金額，而是用投資報酬率為出發點，**建立投資組合理論**（portfolio theory）。**夏普**（W. Sharpe）進一步地以投資組合理論為基礎，**建構資本資產定價模型**（Capital Assets Pricing Model, CAPM）。該模型的投資人，分析股票的過去表現情況與彼此間之關係，找尋合適的股票組合以降低投資風險，以期望未來收入能夠達到投資人的預期。這兩位學者因為在投資學理論的貢獻卓著，所以共同獲得一九九〇年的諾貝爾經濟獎。

第 8 節　共同基金

投資公司（investment companies）屬於金融中介機構，這種公司的業務偏重在投資組合理論之實務應用。對一般投資人而言，購買足夠多種類的證券，以使非系統風險降到最低，並不是一件容易的事。原因在於就個人而言：能夠投資的資金有限，沒有足夠的專業知識，也沒有充裕的時間可用來分析證券。因此，投資公司聘請學有專長的人士，將投資人的小額資金聚集後再投資各種證券，使投資人能更有效地管理投資風險，且享有大規模投資的優點。

投資公司的基金有兩大類型，包含：單位信託投資基金，以及管理型投資基金。說明如下：

單位信託投資基金

單位信託投資（unit investment trusts）為非管理型的基金投資，特色在於投資公司買入各類型的證券後，投資組合的成分就不再變動。在成立單位信託投資後，投資公司將信託基金分割成**股份**（shares），並以可贖回**信託憑證**（redeemable trust certificates）的方式，出售給投資大眾。

管理型投資基金

管理型投資基金包含兩種類型，分別是：封閉型基金與開放型基金。**封閉型基金**（closed-end funds）不接受投資人的贖回要求。投資人要處分此種基金時，就必須在證券公開市場中出售。因為封閉型基金的賣出價格由當時市場供需決定，所以成交價格不必然等於基金的資產價值，這種現象相似於上市公司股票的淨值，在大部份時候都不會與市場價格相等。

開放型基金（open-end funds）是指基金成立，投資證券，並以股份方式出售後，投資人可隨時依投資組合的當時價值，將手中持有的基金股份賣回給基金公司。目前台灣證券市場中的基金，大多屬於開放型基金，此種基金又稱為**共同基金**（mutual funds）。

共同基金依投資標的之不同，可區分為七種常見類型，分別是：**權益型基金**（equity funds）、**指數型基金**（index funds）、**貨幣市場基金**（money market funds）、**債券型基金**（bond funds）、**平衡型基金**（balanced funds）、**資產配置型基金**（asset allocation funds）與**產業鎖定型基金**（specialized sector funds）。說明如下：

權益型基金

權益型基金之投資標的為股票，基金經理人有時將基金資產價值的 5%，

購買貨幣市場的有價證券，以做為投資人贖回基金時的流動性準備。權益型基金中，經理人透過分析證券，慎選時機購買股票，以形成主動式的**投資組合**（active portfolios）。權益型基金又分為**收益型基金**（income funds）與**成長型基金**（growth funds）。

收益型基金經理人，專注於購買支付高股利率的股票；相對地來說，成長型基金的股票，則在未來股價上升的可能性比較高，從而產生誘人的資本利得。

指數型基金

台灣的證券市場，目前有寶來證券發行的台指五十指數型基金。這種基金屬於權益型基金的一種，但與一般權益型基金的最大不同之處，在於指數型基金為**被動式的投資組合**（passive portfolio）。對於指數型基金的經理人而言，他們不需花時間分析各種證券，只要定期追蹤基金中的個股成分比例，並做適當調整即可。

因此，指數型基金的管理費用比權益型基金來得低，也沒有權益型基金購買股票時的「黑箱作業」，所以對小額投資人來說，投資指數型基金的成本低（二〇〇八年買一張台指五十基金，需投資台幣六萬元），又可同時買到台灣的五十種績優上市公司股票，以達到分散投資風險之目的。

貨幣市場基金

貨幣市場基金，是以貨幣市場的短期信用工具，例如：國庫券與商業本票，作為投資標的所形成之基金。

債券型基金

債券型基金又稱為**固定收益基金**（fixed income funds），此種基金主要購

買各種型式的債券。依據投資標的之不同，債券型基金可以專注於購買政府**公債**、**抵押擔保證券**（mortgage backed securities）或是公司債。公司債的基金，又依發債公司之風險類型，區分成：高安全型債券基金，高收益型債券基金，以及提供高利率的垃圾型債券基金。

平衡型基金

平衡型基金的特色，在於強調基金的成長與收益之平衡，所以平衡型基金之投資標的，包含相當高比例的股票與債券。換句話說，平衡型基金為不犧牲基金長期成長的前提下（投資股票），也能夠提供投資人保本的優點（投資債券），以盡可能地降低投資風險。

資產配置型基金

資產配置型基金屬於廣義的平衡型基金，基金的組成也包含股票與債券。但是此種基金與平衡型基金的最大不同處，在於資產配置型基金的經理人，因為對證券市場的不斷評估，而常巨幅改變基金中的成分組合，所以資產配置型基金比較偏向於主動式的基金管理，而此種基金的投資風險，也比平衡型基金來得高。

產業鎖定型基金

產業鎖定型基金，主要購買特定產業的股票。例如：生化製藥基金、糧食基金與貴重金屬基金。

除了上述單位信託投資基金以及管理型投資基金外，還有一些金融中介機構，可在不受到政府嚴格法規約束之情況下，同樣扮演著投資公司的角色。這種類型的金融中介機構，是以**混和型基金**（commingled funds）、**不動產投資信託**（Real Estate Investment Trusts, REITs）以及**避險基金**（hedge funds），比較為投資大眾所關切。

混和型基金

混和型基金為不同類型基金的組合，是架在各種基金之上的基金。舉例來說：證券管理公司購買債券型基金與股票型基金後，加以混和再切割成小的**單位**（units），接著以開放型共同基金的買賣方式，將各單位賣給投資大眾。

上述例子中，混和型基金的組成類似於平衡型基金，也包含債券與股票。這兩種基金的主要差別，在於平衡型基金的經理人，是用資金直接購買股票與債券；相對地來說，混和型基金的經理人，則是將資金透過對各種基金的投資，間接地持有股票與債券。

不動產投資信託

不動產投資信託屬於封閉型基金，是以不動產與不動產抵押貸款，做為基金之投資標的。典型的不動產投資信託，大多伴隨著高度的**財務槓桿**（financial leverage），具有非常高的負債比率。

不動產投資信託分為兩大類，包含：**權益型信託**（equity trusts）以及**抵押信託**（mortgage trusts）。權益型信託基金將資金直接投資在不動產，抵押信託基金則將資金購買抵押貸款與建設貸款。

避險基金

證券市場中的某些證券價格，因為買賣方的資訊不對稱，或是其他特殊情況，而在短期內失去均衡。避險基金經理人在證券價格失衡時，透過買空或賣空證券的投資方式**套利**（arbitrage），以賺取無風險利潤。

舉例來說：抵押擔保債券的市場利率，異常地高於政府債券利率時，

避險基金經理人就會因為這種價格失衡，買入抵押擔保債券的同時，又**放空**（short sale）政府債券。

上述投資決策偏重在兩項資產的相對評價，並不是單方向的看漲，或是看跌債券市場的利率走向，所以具有避開利率風險的特性，這是人們稱這種基金為避險基金的真正原因。

避險基金受到政府的管制較少，所以基金經理人往往採用更為靈活的投資策略。舉例來說：有的避險基金專注於將資金購買衍生性商品，或是用來炒作不同國家的貨幣。

一九九七年的亞洲金融風暴由泰國開始，隨後蔓延到印尼、馬來西亞、菲律賓、韓國等亞洲國家。在風暴中，數以百計的銀行與公司，面臨破產清算之命運。雖然金融風暴的主因，在於這些國家的經濟基本面不好，例如：腐爛的財務金融體系、龐大的短期海外債務、巨額貿易赤字與過於高估的本國幣值；但是避險基金經理人的推波助瀾，透過外匯炒作，也增加了亞洲金融風暴的廣度與深度。因此，雖然避險基金經理人的收入讓許多人羨慕，然而過度地追逐金錢遊戲，也讓避險基金的名聲，因此而蒙上了一層陰影。

第9節　期貨與選擇權

證券價格受到市場的供需調節影響，隨時在改變。投資人面對著波動的價格，對未來行情有其主觀之判斷與憧憬。舉例來說：有些投資人看好未來特定股票或市場行情，有些人則看壞。不論是看好或看壞，一旦心有定見時，不免躍躍欲試，期望現在所做的投資決定，可以在將來獲利。

投資人進行投資決策時，一方面要買證券，另方面又擔心風險太大，此時的**期貨**（futures）與**選擇權**（options），就提供了兩種常見而又可以降低投

資風險的**衍生性商品**（derivative securities）。

❀ 期　貨 ❀

期貨契約是由**遠期契約**（forwards）發展而來。何謂遠期契約？廣義來說，兩人之間有了協定，且答應在未來做某件事情時，就算是遠期契約。舉例來說：「指腹為婚」就是遠期契約，該契約簽訂在小孩尚未出生的時候，等到雙方女主人各生下一男與一女，且過了十六年或更長的時間後，就讓兩家小孩結婚，使上一代的好朋友情誼，能因為變成親家而更為緊密地結合在一起。

可惜的一件事情是，人生中常常會「計畫趕不上變化」！而十幾年前的口說為憑，難以保證到時約定的一方或雙方，都不願意履行，所以上述的傳說故事中，也常留下一些淒美而又戲劇性的情節。

相似於前述指腹為婚的例子，金融遠期契約也可能發生投資人不願意履行契約的情況，所以證券市場中的遠期契約買賣方，大都屬於過去信用良好的法人。舉例來說：美國花旗銀行（City Bank）、微軟公司（Microsoft）或是台灣的中央銀行。

至於一般投資大眾，則只能透過期貨契約，在未來以事先議定的價格，買或賣特定之證券。期貨相似於遠期契約，為買賣雙方在證券市場上訂定的**義務**（obligations）契約，協議在未來特定期間內或特定時點，契約雙方必須買或賣特定數量證券的義務。

期貨契約與遠期契約的不同之處，在於履行契約義務的強制性。遠期契約是以買賣雙方的過去信用，做為未來履行契約的保證，而期貨契約則是透過**保證金帳戶**（margin accounts），強制要求買賣雙方遵守合約的履行。

期貨交易市場為受到政府法令嚴格規範的市場，買賣雙方都需要有保證金帳戶，該帳戶每個交易日**結算損益**（mark to markets）。當保證金餘額，因

為證券價格變動而低至一定水準時,則持有期貨契約的損失一方,就會被**證券公司通知**(margin call),要求補足損失的金額。投資人無法在特定時間內補足金額時,就會喪失持有期貨契約的權利與義務。

期貨契約是以買賣方同時存在的方式而訂定,承擔購買證券義務的一方,稱為持有**買入期貨**(long future)部位,而必須賣出證券的一方,則持有**賣出期貨**(short future)部位。**目標證券**(underlying securities)代表將來約定買賣的證券,**到期日**(expiration date)為契約履行終止日,而**履約價**(exercise price)則是約定在未來的買賣價格。

舉例來說:假設有台積電股票為標的之期貨契約,三個月後到期,且履約價格為每股六十元。當投資人持有台積電股票期貨的買入部位時,代表不論現在到未來三個月間,台積電股票的價格如何變動,當期貨合約到期時,投資人就依購買契約時的約定股數,用每股六十元買台積電股票。

期貨契約到期時,台積電股價高於六十元,投資人就因為持有期貨買入契約而獲利。此時持有買入期貨的投資人,可依據期貨契約的當初約定,用每股六十元買到當時市價高於六十元的台積電股票。

相對地來說,三個月後的台積電股價低於六十元時,投資人就因為持有期貨買入部位而蒙受損失。此時投資人必須用每股六十元的價格,去買市價未滿六十元的台積電股票。

相對於期貨買入契約而言,持有台積電股票期貨賣出部位的投資人,則必須在期貨合約到期時,將手中的台積電股票以每股六十元賣出。此時如果持有期貨賣出部位的人,手上沒有足夠數量之股票時,則該投資人付買賣價差的金額,給持有期貨買方部位的投資人,以結清期貨賣出部位。

在上述例子中,期貨合約雙方在簽訂契約時,就已經確定三個月後的股票買賣價格,所以對契約雙方而言,從現在到未來三個月之間的股價變動風險,就能因為彼此持有期貨契約而避免。

期貨契約可分為**金融期貨**（financial futuress）與**商品期貨**（commodity futures）兩大類型。金融期貨之證券標的物，可以是單一股票為交易基礎的**股票期貨**（stock futures），也可以是**股價指數期貨**（index futures）、**外匯期貨**（currency futures）、**外匯交換**（currency swaps）與**利率交換期貨**（interest swap futures）。

　　商品期貨的類型分為五大類，包含：**穀物期貨**（grain and oilseed futures）、**牲畜期貨**（livestock futures）、**食物及纖維期貨**（food and fiber futures）、**金屬期貨**（metal futures）與**石油期貨**（petroleum futures）。

　　穀物期貨之標的物，有玉米、燕麥、黃豆、米、小麥。牲畜期貨則包含活牛、豬及豬肚。食物及纖維期貨中，有牛奶、可可、咖啡、糖、柳橙汁及棉花期貨。金屬期貨，則有銅、金、白金、銀為標的物所衍生出來的期貨。最後，石油期貨之標的物，則包含原油、無鉛汽油與天然氣。

❀選擇權❀

　　選擇權為買賣雙方在證券市場上訂定之**權利**（rights）契約，協議在未來特定期間內或特定時點，一方可以選擇向另一方，以特定價格買或賣特定數量證券的權利。擁有權利的一方稱為選擇權買方（buyer），對立的另一方則稱為**選擇權賣方**（writer）。**目標證券**（underlying securities）為契約中約定在將來買賣的證券，**到期日**（expiration date）為契約履行終止日，**履約價**（exercise price）則為買賣證券的事前約定價格。

　　選擇權雖然有許多類型，然而追根究底後，無非是**買權**（call）與**賣權**（put），以及由此兩類型所衍生的各種混合型。當選擇權允許投資人在未來，以履約價格購買一定數量之標的時，稱為**買權**（call option）。買權買方（call buyer）支付**權利金**（premiums）後，擁有執行買權的主動權。**買權賣方**（call writer）因為拿了權利金，所以只能被動地配合買權買方的決定。

相對地來說，**賣權**（put option）允許投資人在未來，以履約價格賣出一定數量之標的證券。**賣權買方**（put buyer）擁有執行賣權的主動權，而**賣權賣方**（put writer）只能被動地配合賣權買方。

選擇權與期貨的最大不同之處，在於權利與義務的差別。選擇權買方支付權利金後，就從賣方那裡取得了一項權利。當未來情況對自己有利時，選擇權買方可以主動要求執行契約，賣方只能因此而被動地承擔損失；相對地來說，情況對自己不利時，則選擇權買方可以放棄執行契約，而不必承擔任何義務。因此，選擇權買方的最大損失，只有購買契約時所支付的權利金。

選擇權的買賣方**報酬**（payoffs），屬於**零合遊戲**（zero-sum game）的一種。代表選擇權買方的損失，來自於選擇權賣方的獲益。因為權利金是選擇權買方的最大損失，所以選擇權賣方的最高收益就等於權利金。

關於選擇權的主動與被動之區別，在此用例子加以說明。假設市場上存在台積電股票的選擇權買權，權利金為每股三元。該選擇權**允許買方**（call buyer），可以在三個月後以每股六十元，購買一千股台積電股票。當選擇權合約到期時，如果股價上漲為七十元，則該投資人就可以「主動」要求執行選擇權，然後用每股六十元購買市價為七十元的股票。

此時對買權賣方而言，因為持有這個選擇權契約，只能「被動」地配合買權買方的決定，所以損失了七千元。原因在於雖然股票每股損失十元出售，但在權利金方面賺到每股三元，一去一來以後，又考慮到是一千股的契約，所以買權賣方此時損失七千元。

換個方向來說，三個月後的台積電股票價格，掉到只剩下五十元時，則投資人當然不願意執行選擇權。因為如果選擇執行，就代表投資人用每股六十元購買市價五十元的股票。在這個情況中，投資人就可以「主動」選擇放棄執行選擇權，而直接在證券市場中，用五十元的價格購買台積電股票。此時，對買權賣方而言，因為買權買方放棄執行，所以賺到每股三元的權利

金後，總計賺到三千元的報酬。

在上述例子中，選擇權買方在簽訂契約當時，就已經確定三個月後，只需用六十元或以下的金額，購買台積電股票，所以對買權買方而言，從現在到未來三個月之間的台積電股價變動風險，就因為簽訂選擇權契約而降低。

選擇權除了買權與賣權的基本差異外，又因為執行時點之不同，再區分成**美式選擇權**（American option）及**歐式選擇權**（European option）。美式選擇權允許選擇權買方，從持有該權利的時候開始，直到契約規定到期日之間的任何時點，都可以選擇執行契約；相對地來說，歐式選擇權買方，則只能在到期日時才有選擇執行的權利。

由此可見，在執行契約的時間選取方面，美式選擇權比較具有彈性，所以標的證券、履約價、發行日、到期日等影響評價的因素都相同時，美式選擇權價格比歐式選擇權高。

選擇權之標的物除了股票外，**簡單型選擇權**（plain vanilla products）也包含其他資產所衍生的特定選擇權。舉例來說：選擇權市場中有：**股價指數選擇權**（index options）、**外幣選擇權**（foreign currency options）與**期貨選擇權**（futures options）。說明如下：

一、指數選擇權

指數選擇權不採用特定股票為標的，而以股價指數為選擇權的交易對象，此種選擇權的最終損益，是用現金計算與支付，並不牽涉到股價指數的買賣。指數選擇權雖然缺乏特定股票的實際市場價格，但是指數高低就代表各種股票價格波動的平均數。因此，股價指數水準就可代替特定股票的價格，進行選擇權交易。

二、外幣選擇權

外幣選擇權中的投資標的，是以特定外幣（例如：賣美金、買歐元）為交易對象。

三、期貨選擇權

投資人以期貨充當選擇權之投資標的，稱之為期貨選擇權。

相對於前述的簡單型選擇權，**奇異選擇權**（exotic options）為非標準化契約的選擇權，包含四種常見類型，分別是：**亞式選擇權**（Asian options）、**障礙選擇權**（barrier options）、**回顧選擇權**（lookback options）與**二項選擇權**（binary options）。說明如下：

1. 亞式選擇權

亞式選擇權的**報酬**（payoffs），並不是以事先議定的價格（例如：每股六十元）為基準，而是以選擇權存續期間的股價平均值，做為計算最終報酬的參考依據。舉例來說：亞式買權的報酬，等於買權到期日前的三個月平均股價扣掉履約價後，換算而得的金額。

2. 障礙選擇權

障礙選擇權之標的證券交易價格，取決於該證券價格在契約到期時，是否跨越特定障礙而定。舉例來說：**敲出選擇權**（knock-out options）的特點，在於標的股票之價格，達到特定之障礙價格時，則該選擇權契約就失效。相對地來說，**敲入選擇權**（knock-in options）則是只有標的股票價格，在選擇權存續期間碰觸到特定之障礙價格以後，該選擇權才會生效。

3. 回顧選擇權

回顧選擇權的報酬，等於存續期間內的股票特定價格與最終股價之間的差異。舉例來說：回顧買權的報酬，等於標的股票之最終股價與最低股價之差額；相對地來說，回顧賣權的報酬，則為標的股票之最高股價扣掉最終股價後，換算而得的金額。

4. 二項選擇權

二項選擇權是根據資產價格與履約價格間之相對關係，提供選擇權買方兩種不同的報酬。舉例來說：**現金或沒有的買權合約**（cash-or-nothing call option)中,契約到期時之標的證券價格低於履約價,則該買權的報酬為零;相對地來說,當證券價格高於履約價時,則買權報酬等於事先議定好的特定金額。

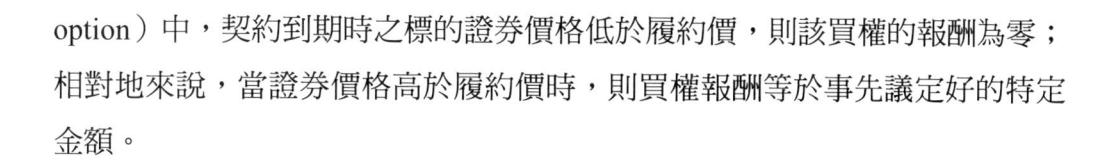

❧具有選擇權性質的證券☙

選擇權的種類非常多,投資人可依自己喜好,在證券市場購買各種選擇權。事實上,除了前述的簡單型選擇權與奇異選擇權外,理財工具中亦有許多證券具有選擇權的特質。例如:**可贖回債券**(redeemable bonds)、**可轉換證券**(convertible securities)以及**認股權證**(warrants)。說明如下:

一、可贖回債券

可贖回條款在公司債的**條款**(covenants)中,公司必須在事先議定的未來時間,依事前約定好的贖回價格,買回流通在外的公司債。因此,可贖回債券在評價時,可看成公司發行**陽春債券**(straight bonds)的同時,投資人將買權賣回給債券發行公司。

二、可轉換證券

公司為了靈活運用資金,也可發行可轉換證券。該證券的主體是公司發行的公司債或特別股。在特殊轉換條款下,投資人將公司債或特別股轉換成普通股。

三、認股權證

公司為了募集資本,也可發行認股權證。發行認股權證時,不會立刻收到資金,等契約被履行時,公司根據履約價收到資金的同時,流通在外的普通股總數,也因發行新股而增加。

認股權證與股票買權的最大不同之處,在於認股權證被投資人執行時,公司必須發行新股,並造成流通在外股數的增加;相對地來說,股票買權的執行,只是以公司的現有流通在外股票為標的,並不牽涉新增股票的發行,

也不影響現有股東的權益。因為認股權證發行，會影響到現有股東的未來分紅權益，所以此種權證之發行決策，會受到公司管理階層與現有股東的深重關切。

習　題

5.1　何謂投資、投機與賭博？請說明。

5.2　何謂風險怯避（risk averse）？請說明。

5.3　資本市場的三種常見長期信用工具為何？請說明。

5.4　貨幣市場的四種常見短期信用工具為何？請說明。

5.5　台灣現有的期貨與選擇權商品有五大類型，請說明。

5.6　普通股股票的權益有四項，請說明。

5.7　何謂普通股的參與經營權？請說明。

5.8　何謂普通股的剩餘資產求償權？請說明。

5.9　特別股的常見優先權有五種，請說明。

5.10　特別股的召回權與轉換權有何不同？請說明。

5.11　公司債的權益條款包含四種類型，請說明。

5.12　可轉換公司債的特色為何？請說明。

5.13　公司債的價值，決定於它能夠帶給債權人之經濟利益。影響債券價值的因素有三項，請說明。

5.14　債券價格的主要影響因素有兩種，請說明。

5.15　共同基金依投資標的之不同，區分為七種常見類型，請說明。

5.16　期貨契約可分為金融期貨與商品期貨兩大類型。金融期貨常見有五種，請說明。

5.17　商品期貨的類型分為五大類，請說明。

5.18　選擇權之標的物除了股票外，簡單型選擇權也包含其他資產所衍生的特定選擇權。請以三例說明。

5.19　奇異選擇權為非標準化契約的選擇權，包含四種常見類型，請說明。

5.20　除了簡單型選擇權與奇異選擇權之外，理財工具中亦有許多證券具有選擇權的特質。請以三例說明。

第六章 行銷管理

第 1 節　非營利事業的行銷特色

第 2 節　顧客導向

第 3 節　策略行銷規劃

第 4 節　產品與服務

第 5 節　行銷代價

第 6 節　行銷通路的管理

第 7 節　廣告、促銷與公共關係管理

▶▶▶▶習　　題

行銷（Marketing）為組織功能（organizational function）的一種，說明如何透過創造、溝通與傳遞價值給顧客，並與顧客保持良好關係的同時，使組織因此獲取利益。

　　本章內容有七小節。第一節說明非營利事業的行銷特色。第二節介紹顧客導向。第三節說明策略行銷規劃。

　　第四節到第七節介紹行銷搭配（marketing mix），或稱為行銷的4P，理由在於這些搭配要素的英文字，都是以字母「P」為開始。第四節內容著重在產品（product）與服務的介紹。第五節從服務對象的角度，說明當他們取得非營利事業提供的產品與服務時，願意支付的代價（price）。第六節簡述行銷通路（placement）的管理外，也說明募款與增加資源的方法。最後，第七節重點在於介紹廣告、促銷（promotion）與公共關係管理。

第1節 非營利事業的行銷特色

非營利事業大多以提供**服務**（services）為主要業務，所以非營利事業相較於提供產品為主的營利事業而言，截然不同。除此以外，我們也可以站在顧客的立場，從代價及利益的**交換**（exchange）角度，詳細地比較此兩類型事業的相異之處。

柯特勒（P. Kolter）與**安綴申**（A. Andreasen）認為，顧客透過非營利事業進行**理性**（rational）交換行為時，支付的代價包含四種形式，分別是：放棄資產、放棄舊觀念、改變舊行為與捐出個人的時間及精神。

顧客支付代價後，他們期望從非營利事業那裡取得什麼樣的利益呢？可從三方面說明：首先，顧客可能希望因此而換取商品或服務。接著，顧客也可能取得社交方面的利益。最後，或許為了增加心理上的滿足程度，所以顧客願意對非營利事業付出。

表 6.1 根據上述構面所形成的十二種情況，透過例子簡要地說明。該表對營利事業而言，只牽涉到十二種情況下的一種，也就是左上角的放棄資產換取商品或服務。舉例來說：顧客花錢買宏碁（Acer）電腦，或去銀行將新台幣換成美金。在購買電腦的決定下，顧客用錢買到商品。銀行的交易中，顧客不但用新台幣換取商品（美金），也得到銀行提供的親切服務。

相對於營利事業交換僅限於左上角的一種情況，表 6.1 的十二種情況都可能存在於非營利事業。對非營利事業而言，他們不僅可以透過發行書籍、紀念品，或是提供服務等方式，以換取顧客的金錢支付；尤有甚者，非營利事業更可以因為提供產品、服務、社交方面的利益，以及增加心理上的滿足程度，換取顧客的支付資產、放棄舊觀念、改變舊行為，以及他們的時間與精神。

表 6.1　非營利事業與營利事業的利益成本比較表

成本＼利益	收到產品或取得服務	取得社交利益	得到心理的收穫
放棄資產	支付學費取得接受教育的機會。	捐錢給母校，並與母校師長保持良好關係。	捐錢給慈善機構，因為助人而心中快樂。
放棄舊觀念	參加防治愛滋病活動，獲得免費紀念品。	支持特定政黨，因此結交政治方面的朋友。	參加教會、反對墮胎，認為自己更加愛惜生命。
改變舊行為	決定戒除毒癮，到政府機構接受免費戒毒服務。	早上到公園學太極拳，認識愛好武術的朋友。	開車繫緊安全帶，心中認為比較安全。
捐出時間及精神	參加政府的整理沙灘活動，獲取獎牌。	當醫院志工，認識醫護人員。	捐血一袋，認為可以救人一命。

　　舉例來說：教會牧師在解說聖經的同時，期待信眾能因此而反對墮胎，且更加珍惜生命。在這個例子中，信眾因為參加教會活動，從而放棄了不尊重生命的舊觀念（信眾支付的代價）外，也取得心理上的滿足，懂得更加地珍惜自己的人生（信眾參加教會活動換取的收益）。

　　再舉一例：一位護士年滿六十五歲退休後，選擇捐出個人的時間與精神（該位護士所支付的代價），然後到台大醫院當志工。她期望因此認識其他的醫護人員，從而有了新的社交生活（退休護士當志工換取的收益）。這個例子對台大醫院而言，該護士擔任志工時沒有支付金錢給醫院，而醫院也沒有提供產品與服務給她。

　　因此，站在顧客角度並從行銷學觀點來看，非營利事業的行銷，其實遠較營利事業來得複雜而困難。

第 2 節　顧客導向

在二十一世紀的今天，行銷已經不再等於推銷。行銷代表著一種深入的研究過程，出人們需求並加以滿足之同時，也得到組織的預期收益。因為現代的行銷，是以顧客需求為出發點，所以組織特別注重在**顧客關係的管理**（Customer Relationship Management, CRM）。

上述說明行銷的定義時，對非營利事業而言，取得的收益不必然就是指「金錢」。舉例來說：前一節的表 6.1 中，信眾參加教會活動後，反對墮胎與更加地珍惜生命時，這種信眾心理收穫對教會而言，屬於達到預期收益的一種。

既然滿足顧客需求對非營利事業非常重要，那麼需求應該如何才能被滿足呢？這要從**效用**（utilities）的角度加以說明。效用為經濟學的專門術語，代表人們的幸福滿足程度。舉例來說：一位沙漠中快要渴死的旅人，如果遇到提供一杯水給他的救星，則該旅人因此而產生「主觀」的幸福滿足感覺，所以這杯水的效用非常大。

瞭解效用的定義後，可用高中畢業生就讀大學企業管理系，說明效用滿足的四種類型，分別是：**形成效用**（form utility）、**地點效用**（place utility）、**時間效用**（time utility）與**占有效用**（possession utility）。

高中生畢業後決定到大專院校接受教育，並期望將來能夠找到高薪工作時，上大學的需求因此而「形成」。其次，該高中生因為家在台北市，所以不願意到離家太遠的大學就讀。此時，位居台北市的大專院校，就能夠提供該生所需的「地點效用」。

接著，只有在高中生選擇就讀的當年，能夠提供企業管理教育的大專院校，才有資格滿足該生的「時間需求」。

最後，高中生的在校成績與家庭環境，都必須要達到一定水準後，才能

到私立東吳大學就讀。當東吳大學錄取該生並提供入學許可時，因為該生的條件夠好，所以能夠「占有」該系所提供的限量教學服務。

以上說明，是站在顧客的立場，「由外而內」地探討大專院校提供服務，以滿足學生效用的過程。這種探討方式，稱為**顧客導向**（customer orientation）。顧客導向的觀念，是經過了**產品導向**（product orientation）及**推銷導向**（sales orientation）之後，約在一九五〇年代才興起，並且顧客導向的觀念，在營利事業中越來越受到管理者重視。

雖然顧客導向的**行銷概念**（marketing concepts），比產品導向與推銷導向，更受到人們重視。但是在今天，仍然有為數眾多的經營者，採用傳統的產品導向或推銷導向觀念，經營非營利事業。

產品導向為行銷概念發展的第一階段，盛行於西方的工業革命後，直到一九二〇年代為止。持有此種觀念的管理者深信：只要產品夠好，顧客自然會主動上門。

舉例來說：博物館的館長認為某些藝術品為該館特色，然後每年例行性地展出，則該館長就是用產品導向觀念經營博物館。再舉一例：教會牧師以自己學生時代所學的曲高和寡論調，用來講經說法，但是信眾卻無法接受，造成參加教會活動的人數逐年減少，此時牧師是用產品導向觀念經營非營利事業。

相對於產品導向而言，推銷導向行銷觀念認為組織的首要任務，就是刺激潛在客戶對現有產品或勞務的需求。這種觀念在營利事業中，盛行於一九二〇年代到一九五〇年代。我們用台灣的例子，說明有些大專院校的管理者是用推銷導向觀念經營大學。

台灣在一九九〇年以後，教育部除了鼓勵專科學校申請改制，變成技術學院或大學外，也開放大專院校的新設。相對地來說，在長時期結婚率偏低，小家庭不願意生育及撫養過多小孩，造成上大專院校的學子人數逐年減

少。因為大學教育的供給過多與需求不足,所以部份學校招收不到足夠多的學生,以維持正常運作。

此時,有些學校就用廣告對各高中郵寄簡介資料,或是請現有的一年級新生到高中招攬學生。此種「由內而外」的推銷方式,在短期內或許有用,但是推銷導向的行銷方式,不是站在學生需求的角度,以提供優質教學服務為出發點。所以就長期而言,其實過度地專注在推銷,只能增加少許的就學人數。

第 3 節　策略行銷規劃

策略行銷規劃的程序可分成六個步驟,分別是:(1)組織目標與標的之決定、(2)外部環境分析、(3)內部環境分析、(4)行銷目標與標的設立、(5)行銷策略擬定、(6)行銷計畫的實施、評估與控制。除了第六項在第八章討論外,前述五項步驟的說明,分述如下:

組織目標與標的之決定

第一章探討**使命**(mission)的訂定,使命為非營利事業的基本任務,說明事業應朝向何種方向努力。**目標**(objectives)根據使命而來,且每項目標的達成時間多為一年到三年。

舉例來說:台灣大學的使命就是校訓:「敦品、勵學、愛國、愛人」。該校的校長在任期內所設定的目標,可以是:改進教學品質、學校知名度提高、改善學校設施、增加捐款、減少經營赤字與提升學生的社交生活。

因為大學預算有限,且要達成的目標間可能互相排斥。例如:學校設施改善與減少經營赤字間,面臨「魚與熊掌,不可兼得」的兩難處境。所以,

台大校長在任期內的每一年，宜選擇特定目標做為工作的努力方向，至於其他次要目標，可能暫不考慮或加上某種程度的限制。

標的（goals）為將目標用明確與可行的方式加以表達，例如：台灣大學的知名度提升，從全世界大學排名第一百六十一位，在三年內提升到一百五十名以內，或是將該校在二〇〇六年的本期餘絀淨損失兩億元，在兩年內改善成「反虧為盈」。

外部環境分析

非營利事業決定了機構的使命、目標與標的後，就必須對外部環境進行分析，以找出該事業所面臨的**機會**（opportunities）與**威脅**（threats）。外部環境包含四大類型，分別是：（1）大環境、（2）市場環境、（3）競爭環境與（4）群眾環境。說明如下：

大環境屬於事業無法控制，且只能被動地接受的環境。舉例來說：經濟環境、政治環境、社會與文化環境，以及法律與政府的相關規定，這些都屬於非營利事業面對的大環境。

市場環境專指事業在經營過程中，必須一起工作的群眾，或是機構所形成的環境。舉例來說：顧客、中間商、原料供應者與財務支持者，都屬於外部市場環境的組成份子。

競爭環境代表特定的群體或組織，他們與非營利事業面對相同的目標群眾，為了爭取群眾的注意力與忠誠度，從而產生彼此之間的競爭。例如：大專院校之間的彼此競爭，爭經費、爭捐款、爭老師、爭學校排名以及爭入學學生的資質。相類似的競爭，也發生在醫院、宗教團體與博物館等其他非營利事業。尤有甚者，對於善心人士的捐款，有時不同類型的非營利事業，例如大專院校、宗教團體與慈善基金會，也可能互相競爭。

最後，就群眾環境來說，群眾指對事業體的一舉一動表達關切的群體

或組織。舉例來說：經營東吳大學的過程中，該校面對的群眾有四種類型，分別是：內部群眾、投入群眾、中間群眾與消費群眾。內部群眾包含該校董事、校長及其他行政人員、教授、還有志工。投入群眾有捐款人以及政府主管機關。中間群眾為該校的便利商店、書店以及餐飲業者等商人。最後，消費群眾為在校學生、學校周邊住戶、一般群眾與媒體群眾。

內部環境分析

內部環境分析之目的，為衡量現有及潛在的**優勢**（strength）及**劣勢**（weakness）後，當面對外部環境的**機會**（opportunities）與**威脅**（threats）時，事業體能夠掌握先機與有效因應。這種分析方法取優勢、劣勢、機會與威脅的英文字第一個字母，加以縮寫後簡稱為 SWOT 分析。

分析內部環境時，經營者思考五項內部關鍵因素的問題，並從答案中找出經營的優勢及劣勢。這些問題包含：（1）本事業的經費是全部，或部分來自於善心人士捐贈？（2）工作成果需要絕大多數群眾認同嗎？（3）顧客導向行銷觀念普遍地被內部員工接受嗎？（4）服務社會大眾的過程中，本事業體的義工人數，相對於正式編製的員工人數而言，比例高不高？（5）績效評估方法是採用行銷導向的方法來評估，還是其他方法？

行銷目標與標的設立

行銷目標與標的之設立，是指非營利事業的使命、目標與標的設立完成，且經營者考量該事業所面臨的外在與內在環境後，在行銷功能方面所擬定之目標與標的。

非營利事業常在不同的市場中，同時提供各種產品與服務，所以行銷學中的**組合規劃法**（portfolio planning），可用來協助經營者擬定行銷之目標與標的。組合規劃法中，首先將非營利事業現有的產品或服務，歸類成不同的

策略事業單位（strategic business units），接著評估市場內各策略事業單位的現有成果及競爭優越性。

組合規劃法中比較常用的方法，是由美國的**波士頓顧問群**（Boston Consulting Group, BCG）所提出。此方法以**相對市場占有率**（relative market shares）為橫軸，**市場成長率**（market growth rate）為縱軸後，畫成坐標平面圖。接著，分析者將非營利事業提供的各種商品與服務，依相對市場占有率與市場成長率衡量後，於圖中用坐標點代表不同的商品或服務。

依據坐標點的位置不同，各項商品與服務可以歸類成四種類型，分別是：**明星**（stars）、**金牛**（cash cows）、**問號**（questions marks）以及**狗**（dogs）。如圖 6.1 所示。

圖 6.1 歸類為「明星」的商品或服務，指市場成長率高，且相對於最大競爭對手而言，市場占有率也高的產品或服務。舉例來說：經營者認為市場成長率大於 5%、且相對市場占有率高於 15% 的商品或服務，可以歸類為「今日明星」，此時應增加這方面投資，以配合市場成長並維持市場的領先地位。

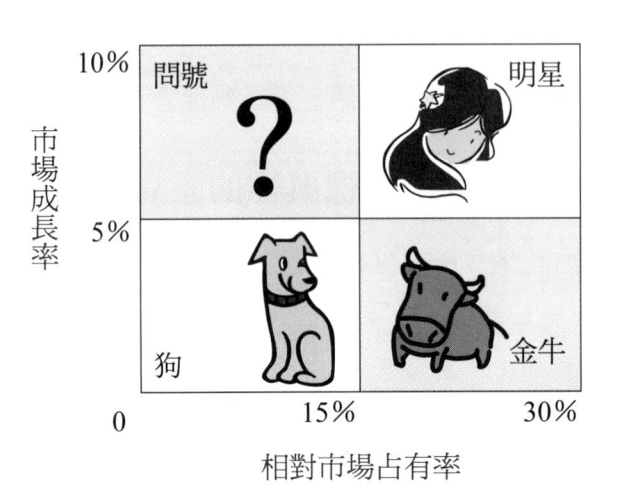

圖 6.1 波士頓顧問群方案組合法

歸類為「金牛」的商品或服務，是指相對市場占有率高但市場需求卻是緩慢成長。金牛的高市場占有率，會造成外界資金不斷地流向事業體，可惜的一個現象是：非營利事業大多缺乏金牛，所以為了維持正常運作，常需要外界的捐款與補助。

屬於「問號」的商品或服務，代表該項產品的市場相對占有率偏低，但是市場卻在快速成長中。此時經營者必須思考，該事業體應對這種商品與服務大量投資，以期待現在的問號能夠成為明日之星呢？還是放棄這種不確定，然後將資金投注在其他收益比較明確，但是報酬率卻不高的產品開發。

在波士頓顧問群的分析矩陣中，「狗」代表即將成為明日黃花的商品或服務，此種產品的市場相對占有率低，而整體市場也呈現萎縮的情況。明日黃花無法為事業產生利益，所以除非特殊原因存在，否則應放棄提供。

行銷策略擬定

經營者擬定了行銷目標與標的後，下一步就是發展核心行銷策略。核心行銷策略包含三個部份，分別是：區隔市場以選擇目標市場，選擇競爭的市場定位，以及發展出適當的行銷組合。說明如下：

一、市場區隔

市場（markets）是指一群人或一些組織，他們為了滿足需求，而有能力，有意願，也有權力決定是否購買商品或服務。在有限的時間、精神與金錢之前提下，經營者分析外部環境、內部環境後，就進行**市場區隔**（market segmentation）與選擇目標市場，然後運用最少資源，滿足特定市場的顧客需求，從而換到最大的組織效益。

既然在顧客導向行銷概念下，非營利事業必須滿足顧客需求，而需求又包含：收到產品與服務，取得社交利益，或是得到心理上的收穫，所以依據這三種需求而將市場區分，就屬於最佳的市場區隔方法。然而，此種方法

「知易行難」，理由說明如下：

對非營利事業而言，關於顧客的偏好、行為與態度等次級資料，大多無法從公開資訊中取得。當經營者決定主動分析時，卻常缺乏適當的人力與物力，以從事**行銷研究**（marketing research）。

除此以外，在與非營利事業交換的過程中，顧客犧牲的資源不限於放棄資產，還可能包含：放棄舊觀念，改變舊行為，或是捐出時間與精神。因為這種犧牲牽涉到個人隱私，所以就算經營者願意用資源換取對顧客的進一步瞭解，但是就實務上來說，也很難從顧客那裡取得可靠資訊，以做為市場區隔之基礎。

因此，非營利事業對市場區隔時只能退而求其次，根據**人口統計因素**（demographic factor）、**地理因素**（geographic factor）、**心理因素**（psychographic factor）與**行為層面**（behavioral factor），將顧客區分。

就人口統計資料而言，行銷人員根據：**人種**（race）、**種族**（ethnicity）、性別、年齡、教育、職業、所得、宗教信仰、社會階層、**家庭大小**（family size），或**家庭生命週期**（family lifecycle）等指標。

其次，地理因素方面的區隔方法有四項，分別是：氣候、地形高低、**區域**（region，例如：台灣的北部及南部）與市場人口密度。

接著，顧客心理方面，顧客的**生活形態**（lifestyles）、**人格特質**（personality attributes）以及**動機**（motives），則為三種區隔的參考依據。

最後，就行為層面而言，包含：**品牌忠誠度**（brand loyalty）、**使用量多寡**（volume usage）、**代價支付的敏感性**（price sensitivity）或對**效益的期望**（benefit expectations）等四項，可做為市場區隔的基礎。

舉例來說：第三章介紹的法師故事中，法師選擇在台灣的什麼地方購買講堂呢？他可以透過市場區隔將範圍縮減，例如：選擇低所得的原住民，住在台灣南部三百公尺以上高山，生活單純且與世無爭。除此以外，這些原住

民除了希望法師在有形物質方面人道救濟外,也期待學習佛法而感到平安喜樂。在這個例子中,法師運用市場區隔的方法以後,比較容易確定需要服務的目標群眾,以及傳道的講堂地點。

二、選擇競爭的市場定位

經營者將市場區隔,並針對目標市場**選擇競爭策略**(competitive strategy)後,接著投入資金生產與提供商品與服務,以滿足顧客需求。**波特**(M. Porter)主張事業體可供選擇的競爭策略有三種,分別是:**成本導向**(cost leadership)、**差異化**(differentiation strategy)以及**集中化**(focus strategy)。

成本導向的策略下,非營利事業提供商品與服務時,是以追求同業中最低成本為努力目標。舉例來說:事業體透過經營效率提升、規模經濟、技術創新,或是用志工取代正式員工,以達到成本導向的經營成果。

差異化策略中,事業體發展出目標顧客偏愛的獨特性,然後以優於競爭對手的策略吸引顧客。舉例來說:強調獨特的號召形象,或提供優質的商品與服務。

最後,集中策略專指在有限的範圍中,尋找特定的成本優勢或差異優勢,以取得競爭優勢。

三、發展行銷組合

行銷組合代表為了滿足目標市場的顧客需求,經營者所選擇的四種行銷**要素**(elements)。行銷組合要素包含:(1)產品與服務、(2)價格,又稱為代價、(3)行銷通路與(4)廣告、促銷與公共關係管理。

第 4 節 產品與服務

非營利事業的行銷活動,最終目標在於影響人們行為,而行為則是透過

與該事業的交換行為而轉變。交換的過程中，人們放棄資產、放棄舊觀念、改變舊行為或捐出時間與精神，以換取非營利事業的產品或服務、社交利益與心理上的收穫。本小節針對非營利事業對顧客提供的產品、服務與**社會行銷**（social marketing）等三方面，加以說明。

產品行銷

產品規劃者在發展新產品，或針對現有產品進行檢討時，應先瞭解產品概念的三種層次，分別是：（1）核心產品、（2）有形產品與（3）產品的擴充與延伸。

核心產品（core product）是能夠滿足顧客需求的產品。行銷人員應瞭解隱藏在產品內的實際市場需求，並將該產品所能提供給顧客的利益，清楚而又準確地加以描述。舉例來說：**哈佛商業評論**（Harvard Business Review, HBR）是美國哈佛大學商學院出版的刊物。顧客購買該刊物的原因，在於充實與更新管理知識，進而提升賺錢的能力。

核心產品在大多數情況下無法獨自存在，必須依附於**有形產品**（tangible product）。舉例來說：哈佛商業評論的核心產品是管理新知，但是知識要傳遞出去，必須附著在顧客看得到也摸得到的有形刊物。有形產品包含五種特質，分別是：**特色**（features）、**式樣**（styling）、**品質**（quality）、**包裝**（packaging）以及**品牌**（brand name）。

除了銷售有形產品外，行銷人員在銷售過程中，也可能對顧客提供額外服務，以增加他們的滿意度。此種產品概念稱為產品的擴充與延伸。舉例來說：中國的一胎化政策下，新婚夫妻到醫院進行健康檢查時，醫生除了提供避孕藥品給他們外，也包含避孕的道德勸說，以及使用避孕藥應注意事項等文字說明。此時，將有形產品透過額外的文字說明，並將產品予以延伸之目的，除了彰顯醫德外，也能更加滿足顧客需求。

✇服務行銷✇

　　非營利事業大多以提供**服務**（services）為主要業務。舉例來說：大專院校透過老師的教學服務，換取學生家長為子女繳交的學雜費。宗教事業在撫慰人們心靈後，接受善男信女的捐獻。因此，研究人員提出服務行銷方案之前，須先熟悉服務的四項特質，說明如下：

　　首先，服務必須立即被消費。服務無法像有形商品一般，可在生產完後儲存，以備不時之需。舉例來說：有毒癮的人到戒毒中心接受治療時，這種服務就無法事先儲存。因為醫護人員無法在沒有病患的夜晚，自願到醫療中心加班，以「預先儲存」他們在將來所能提供的服務。所以非營利事業必須聘請足夠的醫療人員，使顧客到戒毒中心接受治療時，都得到妥善照顧。

　　其次，非營利事業的服務必須合於顧客需要的時間與地點，才能被提供。顧客常常不願意勞師動眾，到很遠的地方去接受服務。舉例來說：家住台北市的高中畢業生，在選擇就讀的大專院校時，即使她能申請到其他縣市的優質大學，例如：高雄市的中山大學，最後卻因為地利之便，選擇台北市的私立東吳大學就讀。

　　接著，非營利事業提供服務給顧客時，大多透過該事業的員工。因此，非營利事業屬於**勞力密集**（labor intensive）的事業。舉例來說：大專院校透過教師與行政人員，以服務學生；醫院透過醫師與護士服務病患；教會透過神父、牧師、長老或是志工，以服務人群。

　　最後，因為服務屬於**無形**（intangible），我們看不到也抓不到，所以顧客滿意度很難有效地加以衡量。舉例來說：孕婦在醫院平安地生下了小孩，但是這結果並不表示孕婦滿意這間醫院的服務，或許下次懷孕時，她會選擇到其他醫院生產。

社會行銷

消費者對非營利事業支付代價後，換取到三種型式的收益，分別是：收到產品或服務、取得社交利益與得到心理收穫。得到心理收穫就是屬於**社會行銷**（social marketing）。社會行銷之目的，在於影響個人、團體，甚至整個國家，以改變人們的行為；並且，對社會行銷的推動者而言，真正獲益的是目標群眾，而不是推動者本身。

舉例來說：董氏基金會在台灣推動全民戒菸的努力，眾所周知。當人們因為少抽菸而得到健康時，真正獲益的是社會整體，而不是推動戒菸的基金會。

社會行銷不同於**社會傳播**（social communication）。社會傳播之目的，也是在影響人們的認知與行為；但是對社會傳播者而言，獲益的主體在傳播者本身，而不是目標群眾。

舉例來說：台灣在二○○四年的總統大選中，執政的民主進步黨為了勝選，媒體報導新聞局用納稅人的錢，透過演員在鄉土節目中說明政府的執政事蹟，這種行銷方式新聞局美其名為「置入性行銷」。置入性行銷屬於社會傳播，而不是社會行銷。理由在於置入性行銷的獲益者，是發動該行銷的執政黨，而不是台灣的全體人民。

對於社會的影響力而言，社會行銷必然高於社會傳播，原因有四項。首先，社會行銷必須透過完整的行銷研究，以充分瞭解市場。接著，社會行銷是以顧客的需求滿足為出發點，而不是如同社會傳播一般，只知道推銷，且完全不考慮顧客感受。

其次，社會行銷常對顧客提供激勵因素，以提高他們改變行為的動機。例如：居住在台灣高山的原住民大多信仰耶穌，因為西方傳教士提供當地人需要的醫療與食物等激勵方式，以吸引大家參與教會活動。

第六章　行銷管理

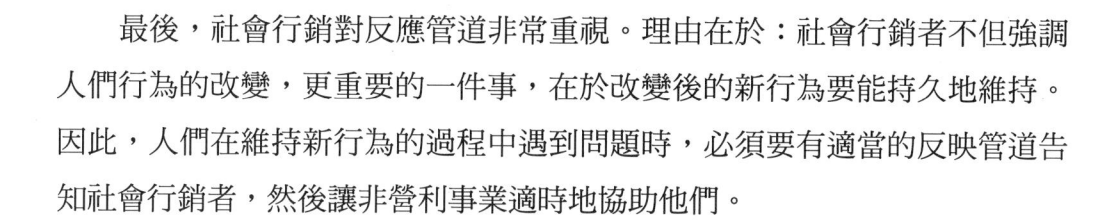

最後，社會行銷對反應管道非常重視。理由在於：社會行銷者不但強調人們行為的改變，更重要的一件事，在於改變後的新行為要能持久地維持。因此，人們在維持新行為的過程中遇到問題時，必須要有適當的反映管道告知社會行銷者，然後讓非營利事業適時地協助他們。

第5節　行銷代價

在與非營利事業交換的過程中，顧客換取的收益已在上一節說明，本節專注於探討在交換中，顧客願意支付的貨幣代價與非貨幣代價。關於顧客支付的總代價，我們以吸菸人士戒菸為例。

假設吸菸人士只要付出少許金錢，就可以參加董氏基金會舉辦的戒菸課程，此時就吸菸人士所支付的金錢而言，除了顯而易見的課程報名費外，還有坐車到上課地點的交通費。如果他自己開車，則支付的代價有：汽車油錢、保養費，與停車費。除此以外，如果他用上班時間請假戒菸，則金錢代價還需包含他因此而犧牲掉的薪資。

非貨幣代價包含以下三項。首先，他必須花時間到上課地點，而上課也要花他的時間。人們常說：「一寸光陰一寸金」，所以時間屬於非貨幣代價。接著，他擔心戒菸成功後就再也無法用吸菸提振精神，那麼工作時無精打采該怎麼辦？最後也是最重要一點，他擔心自己意志力不夠，沒辦法戒菸成功，反而變成朋友的笑柄。

因此，廣告如果只是不斷強調吸菸人士早已知道的知識，例如：吸菸有害健康，則行銷效果就十分地有限。理由是站在吸菸人士的立場而言，不願意戒菸的原因中，非貨幣代價可能遠高過他們所能交換到的收益。

從以上的例子我們可以瞭解，非營利事業應站在消費者角度，考量他們

支付的所有代價後,致力於降低顧客的非貨幣代價,以求彼此間交換的效益擴大。除此以外,也要增加顧客支付高貨幣代價的意願,以追求該事業的持續經營,不致於發生財務問題。

非營利事業在決定產品、服務或改變顧客行為的價格時,等同於考慮顧客支付的所有代價。此時,應先確立該事業的定價目標,是在追求盈餘最大化?回收成本?市場最大化?社會公平?還是在於阻止市場正常運作?當目標改變時,則定價方式亦將隨之改變。

就盈餘最大化而言,一般人認為這是營利事業追求的目標,而不是非營利事業的定價目標。然而,台灣九二一震災後,慈濟基金會舉辦募款餐會以籌措賑災資金時,餐會入場券價格可用盈餘最大化為目標而訂定。

回收代價的定價方式常見於大專院校的經營。舉例來說:台灣的王廣亞在一九四九年創辦育達商職時,他志在興學而不在賺錢,所以只要學校財務周轉得過來的學費價格,就是該校的定價目標。

市場規模最大化的定價方式,常見於博物館、公立動物園等非營利事業,原因在於用低廉的價格,提供服務給更多的顧客。

相對於追求市場的最大規模,當我們站在社會公平角度來看事情時,其實上述博物館與市立動物園在設定價格時,應該依據顧客之所得不同而差別取價。原因在於公立博物館與動物園的經費,主要來自於政府補助,而政府的錢又因課稅而來自於全體人民。試問,什麼人有時間去博物館參觀?或是去動物園玩?如果這些非營利事業提供的服務,是將貧困人的財富移轉給經濟寬裕的人享用時,則低廉價格設定方法並不符合社會公平原則。

最後,定價之目的有時為了阻止,或是降低消費者的購買意願。舉例來說:政府對菸品課重稅,以提高價格的方式逼使青少年戒菸。除此以外,台北市政府在例假日提高公有停車格的停車費率,以勸導市民少用私家車外,並鼓勵大家多用捷運與公車等大眾運輸系統,也是一個例子。

第 6 節　行銷通路的管理

非營利事業與顧客產生交換行為時，必須透過特定管道，才能與顧客有直接或間接的接觸。此處所謂的特定管道，在行銷學中稱為**行銷通路**（marketing channel）或**行銷的配置**（placement）。舉例來說：大學生必須到學校上課，才能取得老師在課堂上提供的教學服務。董氏基金會間接地透過醫生，協助分發戒菸資料給病患。

行銷通路的管理對非營利事業非常重要，舉例來說：法鼓山佛教事業除了位居台灣金山鄉的總會外，也在台北市、台中市與台南市等各地設有分會。總會可視為法鼓山的產品、服務與改變信眾行為的**製造者**（manufacturer）。散居台灣各地的分會，相當於行銷通路中的**批發商**（wholesalers）。比分會規模更小的各地道場，則可視為**零售商**（retailers）。

法鼓山總會透過各地分會與道場的協助，使信眾與法師、志工面對面接觸，從而產生交換行為。當行銷通路設計不良時，則總會的產品或服務，就無法有效地傳達給信眾。

為了使行銷通路順暢，非營利事業在選擇通路時有六種考量，包含：（1）服務品質、（2）直接行銷或間接行銷、（3）通路的寬度與長度、（4）功能傳送、（5）通路人員雇用與（6）通路的協調與控制。說明如下：

服務品質

非營利事業在規劃行銷通路時，須決定提供服務的水準與品質。舉例來說：醫院聘請醫術精良的醫生、更新醫療設備、重新改善醫院內部陳設，以提供病患優質的服務。

直接行銷或間接行銷

非營利事業偏好與顧客面對面接觸進行交換，理由在於交換所得不必與他人分享。然而，事業體在沒有足夠資源可進行直接行銷時，只能退而求其次地採用間接行銷，以降低行銷成本。舉例來說：董氏基金會透過各地醫生協助，散發戒菸宣傳資料，就是間接行銷的一種方法。

通路的寬度與長度

決定行銷通路的寬度與長度時，需先決定寬度後再考慮長度。寬度指批發商的數目，而長度指製造商到顧客之間的中間商層級數。舉例來說：前述法鼓山的例子中，決定通路寬度表示先考慮在台灣的北部、中部以及南部等三地設立分會，還是只要有北部、南部兩大分會就好。

決定寬度後，接下來就是考慮通路的長度。法鼓山總會透過各地分會，分會再透過道場協助，由道場將總會的服務傳達給信眾，這種通路屬於三個階段的通路。

功能傳送

行銷通路存在之目的是為了傳送各種功能。舉例來說：假設法鼓山總會出版了一本解說《金剛經》的書籍，此書出版後透過分會與道場，最後傳達到信眾的手上時，行銷通路具有以下三種功能：首先是書籍的實體運送及儲存功能。其次是配銷通路中，金錢支付及書籍所有權移轉的功能。最後則是信眾對本書的滿意度調查，以及書籍的售後服務。

通路人員雇用

非營利事業尋找行銷通路人員時，可以是全職人員、志工或是該事業以

外的其他組織。舉例來說：董氏基金會請各醫院的醫生，發送戒菸活動的廣告，就是聘請該會以外的行銷通路人員。

通路的協調與控制

行銷通路建立時，包含廣度與深度的考量，而通路人員雇用時，也聘請事業體以外的人員予以協助。因此，完善的行銷系統中，不只要有許多中間人執行各項功能，更重要的一點，則在於通路的協調與控制，使得中間人能夠彼此合作，以交換到非營利事業的最大收益。

除了說明選擇通路的六種考量外，本節接著說明對非營利事業而言，在行銷通路中非常重要的募款通路建立。第四章的美國史丹福大學財務報表中，該校二〇〇七年的長期投資累積金額為兩百一十一億美金，且當年投資收入為美金二十七億元，相當於新台幣一千億元。

台灣的大學校長看到這樣的資訊時，或許會好奇的想知道，為什麼同樣都屬於非營利事業的史丹福大學，可以擁有這麼多的長期投資呢？這要從該校的募款方法加以說明。

根據**勒佛拉**（C. Lovelock）與**溫伯格**（C. Weinberg）的研究，史丹福大學為了向校友募捐，該校發展部門將校友依據所屬學院與畢業年期，加以分類。接著，指定發展部中的正式員工，對每一類別校友的募捐負責。募捐方法包含：人員親自勸募、電話請捐與信件請捐。

然後，依據校友的過去捐款金額，將每一類別的校友再細分，並以過去實證研究結果，分析各類型的校友用何種募捐方法最有效。最後，該校用去年的勸募結果，做為今年勸募方法的參考依據，並設立今年的目標。然後明年再根據今年的結果，更新募款的目標與方法，如此週而復始，不斷地進行。

當讀者看到史丹福大學用如此現代化的科學方法，向校友募集資金時，

或許認為該校是在二〇〇〇年以後，才開始有這種顧客導向的行銷觀念與行為。事實上，這篇研究在一九七七年發表，換句話說，早在三十幾年前，史丹福大學就採用非常有系統的方式，持續地向校友募集資金了！

非營利事業進行每年的募款活動時，募捐程序的步驟有四項。首先，該事業分析個人、基金會、公司以及政府等四種捐贈者市場，並將募捐工作依據不同的捐贈者市場，指派專人負責。

其次為該設立年度募捐目標，且經營者根據目標激勵勸募者與志工。再其次為針對不同的捐贈群眾，發展出特定的募捐技巧組合。在募捐技術方面，經營者可以選擇透過報紙、雜誌、電視、廣播、信件郵寄、戶外實體廣告、街道募捐、挨家挨戶募捐與舉辦募款活動等方法。

最後，則是對募捐結果進行評估。評估募款績效時可從四個面向加以衡量。分別是：（1）目標達成百分比、（2）捐款組成分析、（3）市場占有率與（4）成本與效益評估。

就募款目標達成百分比而言，高階主管人通常將目標設定得比較高，以給予發展部門員工壓力；相對地來說，發展部門員工則傾向於訂定比較低的年度募款目標。因此，在設立年度募款目標時，負責人應與發展部門員工共同洽定目標。

捐款組成分析著重在捐款人數及捐款金額的分析，而不是只專注於捐款總額。舉例來說：台灣大學去年有 10% 的畢業校友捐款給母校時，該校就應思考：為什麼其他 90% 的畢業校友都不願意回饋母校？發展部門人員應針對未捐款的校友，發出問卷並探討原因，以做為今年募款的改進方向。

非營利事業也可用市場占有率的高低，衡量募款績效。舉例來說：私立東吳大學可將該校的年度募款所得，與其他幾所私立大學比較，看看校友捐款與政府補助是否領先於同類型的學校。

成本與效益評估則不僅看重募款的總金額，也注意到該事業在募款方面

所花的成本。成本與效益評估,就是衡量每花一元的募款成本,到底能為該事業募集到多少元的資金?這種方法也是衡量募款績效的一種。

第7節　廣告、促銷與公共關係管理

行銷人員透過**廣告**(advertising)、**促銷**(sales promotion)以及**公共關係管理**(public relations management),將訊息傳達給目標群眾。說明如下:

廣　告

廣告是以付費或免費的方式,運用正式傳播媒體將訊息傳達給目標群眾。傳播媒體的種類有許多種,例如:報紙、雜誌、海報、信件、廣播與電視報導。非營利事業在提出廣告方案時,需要考慮的因素可分成五項,分別是:(1)設立廣告目標、(2)確定廣告預算、(3)決定廣告訊息、(4)選擇傳播媒體與(5)廣告效果的事前測試與事後評估。

促　銷

促銷之目的在於短期內刺激目標市場,以加速或加強顧客的回應。促銷工具涵蓋了三大類,包含:**消費者推銷**(consumer promotion)、**中間商推銷**(intermediary promotion)與**銷售員推銷**(sale force promotion)。

就消費者推銷而言,採用方法包括了:贈送樣品、提供**優待券**(coupons)與贈送小禮物等方法。中間商的促銷方法,包含:免費商品、廣告、行銷獎金,或是舉辦中間商的銷售競賽。最後,銷售員推銷方面,可用:銷售獎金與銷售員的銷售競賽等方法,以促銷非營利事業的商品與服務,或是顧客行為的改變。

公共關係管理

公共關係（public relations）為管理功能的一種，此功能用來評估目標顧客的態度，確認非營利事業的政策是否符合公眾利益，或是執行政策以換取顧客的瞭解與接受。

為了讓目標顧客能夠對該事業提供的產品與服務，產生或維持好的觀感，經營者需執行公共關係管理的策略規劃程序。此程序有六項步驟，包含：（1）確認事業體的目標群眾、（2）衡量群眾對本事業的現有觀感、（3）針對目標群眾建立本事業的形象目標、（4）制訂合於成本效益原則的公共關係策略、（5）選擇建立公共關係的工具與方案與（6）執行方案及評估結果。

第六章 行銷管理

習　題

6.1 行銷搭配又稱為行銷的 4P，請說明。

6.2 柯特勒與安綴申認為，顧客透過非營利事業進行理性交換行為時，顧客支付代價有四種形式，請說明。

6.3 柯特勒與安綴申認為，顧客透過非營利事業進行理性交換行為後，顧客取得的利益有三種，請說明。

6.4 請回答效用滿足的四種類型。

6.5 管理者持有產品導向、推銷導向或顧客導向的行銷概念時，在行銷商品或服務時，有何不同？請說明。

6.6 策略行銷規劃的程序可分成六個步驟，請說明。

6.7 外部環境包含四大類型，請說明。

6.8 何謂 SWOT 分析？請說明。

6.9 組合規劃法中，波士頓顧問群提出的方法為何？請說明。

6.10 核心行銷策略包含三個部份，請說明。

6.11 市場區隔的常見因素有四項，請說明。

6.12 波特主張事業體的競爭策略有三種，請說明。

6.13 產品概念的層次有三種，請說明。

6.14 核心產品大多需要依附於有形產品，請說明有形產品的五種特質。

6.15 服務的特質有四項，請說明。

6.16 社會行銷優於社會傳播，理由有四項，請說明。

6.17 非營利事業決定產品與服務的價格時，就是考慮顧客支付的所有代價。此時應確立定價目標，請說明五種訂價的目標。

6.18 為了使行銷通路順暢，非營利事業在選擇通路時有六種考量，請說明。

6.19 非營利事業進行募款活動時，募捐程序的步驟有四項，請說明。

6.20 為了讓目標顧客能對本事業的產品與服務，產生或維持好觀感，經營者需執行公共關係管理的策略規劃程序。此程序有六項步驟，請說明。

第七章

資訊管理

第 1 節　資訊波衝擊下的事業經營

第 2 節　資訊科技使用的優點

第 3 節　工作所需資訊

第 4 節　資訊系統的功能

第 5 節　資訊系統的類型

第 6 節　網路事業的優點

第 7 節　網際網路與電子商務

▶▶▶▶▶習　題

一九七〇年代的成功管理者,大多透過規模經濟達成經營的效率、穩定性及可預測性。但是在資訊波衝擊及全球化競爭下,今日事業在經營時必須做好資訊管理,才能面對競爭與挑戰。

本章重點為探討今日世界中的資訊管理,第一節探討資訊波衝擊下的事業經營後,接下來的內容分為兩大部份。第一部份說明經營者面對資訊波的因應措施,包含:第二節說明使用資訊科技的優點。第三節討論各種組織下的員工,在工作時所需的資訊。第四節探討資訊系統的功能。最後,第五節介紹資訊系統之類型。

第二部份偏重在一九九〇年代以後,對非營利事業經營越來越重要的網際網路介紹,包含:第六節探討網路事業的優點,以及第七節說明網際網路與電子商務。

第1節　資訊波衝擊下的事業經營

杜佛勒（A. Toffler）認為人類從古到今的文明，經歷三種**浪潮**（waves）衝擊。第一波是農業，從有人類歷史記載開始以前，到一八九〇年代為止，這段期間在農業波衝擊下，全世界 90% 以上的工作人口，從事於農業及農業相關產業。

第二波是工業，時間從一八九〇年代開始到一九六〇年代為止。此時在工業波衝擊下，工作人口大多從農地轉入工廠，且工作方式為大量生產，專業分工，及工作場所內的職權關係建立。

第三波是資訊，時間從一九七〇年代開始，到現在仍往前延伸。資訊波衝擊下，工作人口由工廠的製造業轉向服務業。在人們的日常工作中，產生了需要取得資訊並加以運用的**知識工作者**（knowledge workers），例如：工程師、科學家及資訊科技人員。而且，知識工作者的人數逐年增加。

我們以一九七〇年代為分水嶺，比較資訊波對非營利事業的衝擊，則在此年代以前，國界限制了事業間之競爭，科技限制了人們取得資訊，工作人口的同質性高，且顧客被動地接受事業所提供的產品與服務。

相對地來說，資訊波衝擊後，國界對於非營利事業的經營而言，已經沒有實質意義。**網際網路**（internet）發達，造成資料存取的便利性提高，使人們更容易取得資訊並加以運用。工作人口的差異性提高。最後，非營利事業必須「以客為尊」，提供他們所需要的產品與服務，以做好顧客關係管理。

第2節　資訊科技使用的優點

資訊波衝擊下，經營者如何運用資訊科技以提高經營效能呢？本節從五

大方向加以探討，分別是：（1）提高決策品質、（2）增進員工溝通、（3）訓練員工、（4）協助行銷人員與（5）招募員工。說明如下：

❧提高決策品質❧

　　本章第四節所介紹的資訊系統類型中，適用於高階管理者的三種系統，分別是：人工智慧與專家系統，高階主管系統，以及決策支援系統，都能夠提升經營者的決策品質。

❧增進員工溝通❧

　　員工可以透過電子郵件、電子會議與群組軟體，增進員工間之溝通。

❧訓練員工❧

　　非營利事業可以將該事業的介紹，提供的產品與服務，以及其他資料放在專屬網頁，讓員工在方便的時間與地點，透過上網而得知這些資訊。因此，網際網路可使員工的訓練成本降低。

❧協助行銷人員❧

　　網際網路所提供的資訊，能夠協助行銷人員瞭解事業體以外的資訊。除此以外，事業體有顧客關係管理系統時，則行銷人員在資訊系統方面所取得的資訊，就能夠更為方便與完整。

❧招募員工❧

　　非營利事業可以透過專屬網頁，發布招募員工與志工的訊息。對於有興趣到該事業工作的社會大眾而言，在瀏覽網頁介紹時，也能夠自行判定適不適合到該事業工作。因此，非營利事業透過網頁招募員工時，除了可以節省時間與成本外，也比較能找到適合的員工與志工。

第 3 節　工作所需資訊

經營者在每天的例行工作中，需要評估過去的工作績效、執行今天工作以及規劃未來。本節針對人力資源、財務、行銷、作業研究以及一般管理等五種功能，探討各功能面之經營者所需的工作資訊。

人力資源部門

人力資源部門的經營者，需熟悉員工薪資水準與福利給付外，也應探討薪資水準是否公平與合理？是否相對於其他事業而言，本事業更能留住好的員工與志工？除此以外，還需知道目前員工的雇用法令以及本事業在未來的減縮或成長趨勢，或是購買與合併其他事業的計畫。

財務部門

財務部門的經營者，關心與本事業財務狀況相關的所有資訊。舉例來說：財務報表資訊、現金流量、負債情況、融資需求與未來的長期資本需求狀況。除此以外，財務人員也應瞭解整體經濟概況，市場利率走勢，以及本事業的未來發展計畫。

行銷部門

行銷部門的經營者，需要熟悉本事業的行銷組合四項組成，包含：商品與服務、定價、通路與促銷等相關資訊。除此以外，也需瞭解競爭者的行銷組合資訊。

作業研究部門

非營利事業在生產商品時，作業研究部門的經營者，就必須對**在製品**（work in process）與**存貨**（inventory）的相關資訊進行瞭解，也須估計商品

的未來市場需求。除此以外，也應參與新產品與服務的規劃，提供事業體在生產方面的專業意見。

一般管理部門

一般管理部門的經營，者關心資訊之整合。舉例來說：確認所有員工在工作時，都能夠取得所需資訊。接著，事業體引進新的資訊系統時，經營者也應給予員工足夠時數的訓練課程，使他們都能使用新的資訊系統。

第4節 資訊系統的功能

資訊系統包含五種**功能**（functions），分別是：（1）收集資料、（2）儲存資料、（3）更新資料、（4）將資料轉換為資訊與（5）將資訊提供給使用人。說明如下：

收集資料

資料（data）來自於非營利事業的內部與外部。就內部資料而言，資料收集者可從經營者與員工方面取得，也可根據過去的會計資訊、會議記錄、促銷活動的經驗、薪資給付水準等方面，取得內部資料。外部資料的獲取來源，包含從：顧客、供應商、銀行、網際網路等方面，或是透過**行銷研究方法**（marketing research method）取得資料。

收集資料的過程中，經營者需注意到三個基本原則。首先，外部資料取得的成本可能很高，所以資料產生的效益必須要大於成本時，才有收集外部資料的必要。接著，員工將資料收集與儲存，並轉為資訊的過程中，可能因為人為失誤而造成資訊的不正確。最後，過時資料或不完整的資料，可能無法使經營者改善決策品質。

儲存資料

對於中、小型的非營利事業而言，資料儲存在**電腦硬碟**（hard drive）就已足夠，如果資料要從電腦間移轉時，小容量資料可透過網路傳送，至於大容量資料的存取，則可透過**光碟**（CD、DVD）或**隨身碟**（memory stick）。

大型非營利事業應要聘請資訊方面的專業員工，將資料儲存在大型電腦系統，經由專人負責後，資料的儲存、提取及安全方面，比較不容易產生問題。

更新資料

資訊人員必須常常更新資料，以確保事業內的其他員工，能夠取得準確而又完整的資料。資料更新需要時間及金錢成本，所以應該間隔多久時間才需更新呢？當資料越重要、變化程度越快，且經營者常需採用時，則資料更新的間隔時間，就要盡可能地縮短。

將資料轉換為資訊

資料透過轉換後能夠產生管理意義時，就稱為資訊。資料轉換常見的方法為**統計方法**（Statistics），此方法的**算數平均術**（arithmetic mean）、**中位數**（median）及**眾數**（mode），是用來衡量一組資料數字大小的指標；至於該組數字的分散程度，則可用**全距**（range）或**標準差**（standard deviation）加以衡量。

舉例來說：台灣大學行政人員的薪資資料，如果以員工性別區分，並求取兩組資料的中位數與標準差後，則研究人員就能看出該校在薪資給付方面，是否有歧視女性員工的問題。

將資訊提供給使用人

資訊提供給使用人時，應站在使用人的角度，思考用何種表達方式，最

能清楚而準確地說明資訊。資訊表達的時候，圖形優於表格，而表格又優於文字。除此以外，資訊報告的內容分為四部份，包含：主題介紹、內容、結論與依據報告而產生的各項建議。

第5節 資訊系統的類型

非營利事業如：台灣大學、慈濟基金會或長庚醫院，可以透過資訊系統的建立，以協助經營者更有效能地經營事業。非營利事業依功能面區分部屬的工作類型時，具有：人事、財務、行銷、作業研究及資訊等五種功能。各功能領域中又可依員工職位之不同，包含：高階經營者、中階經營者、知識工作者及第一線經營者。

對高階經營者而言，可以提升決策品質的資訊系統有三種，包含：**人工智慧與專家系統**（Artificial Intelligence and Expert System）、**高階主管系統**（Executive Support System, ESS）以及**決策支援系統**（Decision Support System, DSS）。

而對中階經營者來說，除了前述決策支援系統可供使用外，**管理資訊系統**（Management Information System, MIS）也能夠適時地提供資訊，增進工作效能。

知識工作者在組織的職位，介於中階經營者與第一線經營者間，且工作所需原料（raw materials）為知識與資訊。**知識層級與辦公室系統**（Knowledge-level and Office System）及**知識工作者與辦公室應用系統**（Systems for Knowledge Workers and Office Applications），為知識工作者所需的兩種資訊系統。

最後，第一線經營者在工作時所需的資訊系統，為**交易處理流程系統**

（Transaction Processing System, TPS）。

以上七個資訊子系統的進一步介紹，說明如下：

七個資訊子系統

一、人工智慧與專家系統

人工智慧（Artificial Intelligence, AI）專指能夠模擬人類行為的電腦系統。舉例來說：信用評估電腦系統衡量借款人的信用等級，以協助銀行授信業務的推展。

專家系統屬於人工智慧的一種，此種系統可以模仿特定領域的專家思考行為。舉例來說：為醫生而開發的專家系統，能協助醫生判定病人的病情，從而提高醫療的服務品質。

二、高階主管系統

高階主管系統中，輸入事業的內部及外部資訊後，則此系統就能提供即時且易於使用的資訊，以協助他們規劃非營利事業的未來。

三、決策支援系統

決策支援系統為互動式的資訊系統，此系統能在經營者制訂決策的過程中，協助尋找資訊或提供必要資訊，以提高決策品質。

四、管理資訊系統

管理資訊系統可將事業體的營運資料轉換成有用資訊，以滿足中階經營者在人事、財務、行銷、作業研究等各方面的需求。

五、知識層級與辦公室系統

知識層級與辦公室系統為協助知識工作者的資訊系統，除了**文字處理系統**（word processing）、**排版系統**（desktop publishing）、**文書影像系統**（document imaging system）外，也包含比較複雜的**電腦輔助設計系統**（computer-Aided Design system, CAD）、及**電腦輔助製造系統**（computer-Aided

Manufacturing system, CAM）。舉例來說：醫院透過電腦輔助製造系統為病人準備食物，以提升服務品質。

六、知識工作者與辦公室應用系統

知識工作者與辦公室應用系統為資訊部門員工所使用的系統。資訊部門包含三種類型員工，分別是：**系統分析師**（system analysts）、**程式設計師**（programmers）及**系統作業員**（system operations personnel）。

系統分析師負責所有的電腦系統，他們設計出特定的電腦系統，以滿足事業體內的各員工需求。其次，程式設計師負責撰寫電腦的軟體指令。最後，系統作業員的工作在於操作電腦系統。

七、交易處理流程系統

交易處理流程系統為將事業體的例行性交易事項，透過電腦資訊系統處理後，傳給會計、財務、行銷等各部門人員，以協助他們進行管理的日常工作。

三個整合型資訊系統

除了上述針對四種工作層級而開發的七種資訊子系統外，整合型資訊系統能將人事、財務、行銷、作業研究等功能加以整合，以提高事業體的整體競爭力。常見的整合型資訊系統有三種，分別是：**企業資源規劃系統**（Enterprise Resource Planning system, ERP）、**供應鏈管理系統**（Supply Chain Management system, SCM）及**顧客關係管理系統**（Customer Relationship Management system, CRM）。說明如下：

一、企業資源規劃系統

企業資源規劃系統的優點，在於將分散於各地的分支機構、供應商與不同貨幣計價下的採購、製造、財務、行銷等功能，整合為單一系統。此種跨部門整合型資訊系統的特色，在於是針對業務流程設計，而不是依據功能部門之需求。

二、供應鏈管理系統

　　第六章曾以台灣的法鼓山事業為例，說明位居金山鄉的總會為法鼓山的產品、服務與改變信眾行為的製造者。散居各地的分會，相當於行銷通路中的批發商，而比分會規模更小的道場，則可以視為零售商。因此，作業研究領域中的供應鏈管理系統，也適用於大型非營利事業。

　　供應鏈管理系統為整合採購、設計、生產、配送與顧客服務的管理資訊系統。非營利事業透過此系統的運用，能夠與供應商、製造商、批發商及零售商間，加強彼此之合作，以提供顧客物美價廉的產品與服務。

三、顧客關係管理系統

　　非營利事業大多以提供顧客服務為主要業務。顧客關係管理系統是以顧客導向行銷概念為基礎，所發展出來的資訊整合系統。非營利事業透過此系統的使用，能夠在適當時間，透過適當管道，提供顧客所需的商品、服務或行為改變，以滿足其需求。

第 6 節　網路事業的優點

　　資訊科技的快速發展，能夠改善非營利事業的組織結構。本節從：（1）精簡組織架構、（2）彈性營運、（3）加強合作、（4）提高工作場所獨立性與（5）改善經營能力等五大方向，探討網路事業的優點，說明如下：

精簡組織架構

　　透過網際網路運用，非營利事業的組織架構能夠變得更為精簡。就內部溝通而言，高階經營者透過網路與基層員工直接溝通，所以可減少中階管理者的聘用。除此以外，員工透過網路與顧客溝通，以提供事業體的商品與服

務，或因此而改變顧客的行為。

彈性營運

非營利事業透過網路問卷的方式，詢問並瞭解顧客所需，然後及時地提供產品與服務，以滿足他們的需求，所以網際網路可使該事業在面對競爭時，更有彈性與適應力。

加強合作

網際網路的大量使用，可使內部員工的溝通改善，並降低人與人之間的誤解。除此以外，非營利事業也能透過網路與其他事業聯繫，促進彼此之間的合作。

提高工作場所獨立性

網際網路可使員工與志工在家中工作。例如：董氏基金會的志工，在家中寫出戒菸廣告內容與行銷企畫案後，再用網路將文件回傳給基金會。除此以外，也可透過網路追蹤戒菸者目前情況，看看是否能提供進一步的協助。

改善經營能力

經營者透過網網際網路的使用，取得大量而又有用的資訊，以更有效能地完成規劃、組織、領導與控制等例行性管理工作。

第 7 節　網際網路與電子商務

資訊波衝擊下，非營利事業的經營者、正式員工與志工，都能運用資訊系統以提高工作績效。當非營利事業擴充**電子商務**（e-commerce）與走向世

界化時，**電子資訊科技**（Electronic Information Technologies, EIT）及**數據通訊網路**（Data Communication Network, DCN）的需求，就因此而隨之提高。

電子資訊科技是以通訊技術為基礎，所發展的資訊傳遞工具，常見的電子資訊科技有三種類型，包含：**傳真機**（fax machine）、**電子郵件**（electronic mail, e-mail）與**電子會議**（electronic conference）。說明如下：

傳真機

傳真機用電話線傳送與接收文字、圖形及照片的數位影像。因為傳真機價錢實惠，傳送成本低廉，使用方便，且傳送速度快捷，所以廣為非營利事業採用。

電子郵件

電子郵件為電腦與電腦之間的資訊傳送，這些資訊包含語音、文字、圖形或動畫。透過電子郵件使用，非營利事業在紙張與電話費用等方面，就能節省很多金錢。

電子會議

位居不同地點的人們，透過電子郵件或電話，進行同一時間的多邊溝通時，稱為電子會議。此種會議包含三種類型，分別是：**資料會議**（data conference）、**電傳會議**（teleconference）與**視訊會議**（video conference）。

資料會議使位居不同地點的員工，能夠共同處理同一份文件。電傳會議可省下員工的交通時間與成本外，仍舊達到員工間之溝通目的。最後，視訊會議則是開會中身居各地的與會人，可以透過電視見到對方，並且進行直接溝通。

除了前述電子資訊科技外，數據通訊網路能夠透過電信傳輸系統，傳送電子文件與影音等數位資料。常見的數據通訊網路包含兩種形式，分別是：

網際網路（internet）及**全球資訊網**（World Wide Web, WWW）。說明如下：

網際網路

網際網路俗稱**網路**（the net），為全球資料傳輸網路之統稱。網際網路透過虛擬化的方式，將全球各地電腦連接後，形成一個龐大的電腦系統。人們透過網際網路的使用，可以快速、價格低廉且準確地傳遞資訊。對非營利事業而言，網際網路可以取代電話、傳真機與快遞，節省該事業與他人的溝通成本。

全球資訊網

網際網路使人們能夠進行全世界的電子聯繫。全球資訊網則是透過全球一致的標準，架在網際網路之上後，提供資料儲存、提取以及展示資訊等功能。

網路瀏覽器（web browser）是一種電腦軟體，可提供網路使用人閱讀與存取網路資料。目前最知名的瀏覽器是美國微軟（Microsoft）的網路探索（Internet Explorer, IE）。

網路瀏覽器也提供其他工具，方便使用人上網搜尋資訊，其中最有名的工具就是**搜索引擎**（search engines）。舉例來說：雅虎（Yahoo!）網頁就是網路搜索引擎，該網頁除了將網路中的網站加以分類外，也定期更新。電腦使用人在雅虎網頁中，只要輸入幾個關鍵字，網頁就依相關程度大小提供一系列網址，方便使用人進一步搜尋。

除了用網路瀏覽器尋找資訊外，非營利事業只要每年繳交少許費用，就可申請**全球資源地址器**（Uniform Resource Locator, URL）之帳號，然後將專屬網頁架在網際網路上的特定網址，以傳遞該事業的訊息給顧客。舉例來說：美國史丹福大學的網址為 www.stanford.edu，台灣大學網址為 www.ntu.edu.tw，而法鼓山網址為 www.ddm.org.tw。

第七章 資訊管理

習 題

7.1 杜佛勒認為人類從古到今的文明，經歷三種浪潮衝擊，請說明。

7.2 資訊波衝擊後，對非營利事業產生四種重要的影響，請說明。

7.3 資訊波衝擊下，經營者如何運用資訊科技以提高經營效能？請從五大方向加以探討。

7.4 資訊系統包含五種功能，請說明。

7.5 內部資料的取得方式有五種，請說明。

7.6 外部資料的獲取來源有五種，請說明。

7.7 收集資料的基本原則有三種，請說明。

7.8 資訊報告的內容分為四部份，請說明。

7.9 對高階經營者而言，提升決策品質的資訊系統有三種，請說明。

7.10 非營利事業依功能面區分部屬的工作類型時，包含五種功能面的員工，請說明。

7.11 非營利事業的各功能領域中，又可依員工職位之不同，區分成四種類型的經營者，請說明。

7.12 對中階經營者來說，提升決策品質的資訊系統有兩種，請說明。

7.13 何謂知識工作者？請說明。

7.14 知識工作者所需的兩種資訊系統為何？請說明。

7.15 第一線經營者在工作時所需的資訊系統為何？請說明。

7.16 知識層級與辦公室系統為協助知識工作者的資訊系統，請說明五種常見的知識層級與辦公室系統。

7.17 資訊部門的員工類型有三種，請說明。

7.18 常見的整合型資訊系統有三種，請說明。

7.19 網路事業對非營利事業而言，具有五大優點，請說明。

7.20 常見的電子資訊科技有三種類型，請說明。

第八章

作業管理

第 1 節　作業管理的重要性

第 2 節　價值鏈管理

第 3 節　作業規劃

第 4 節　作業排程

第 5 節　控制系統的特色

第 6 節　控管類型

▶▶▶▶習　題

第六章介紹行銷管理時,說明顧客與非營利事業的交換過程中,顧客支付了成本,換取非營利事業提供的商品、服務、社交利益或心理滿足。因此,非營利事業的經營者,透過有限的人力及物力投入,轉換成顧客需要的產出以滿足需求,這種轉換程序的設計、作業(operations)與控制,稱為作業管理(Operation Management),也就是本章的探討主題。

本章內容有六小節。第一節說明作業管理的重要性,第二節介紹價值鏈管理(value chain management)。

接下來的兩小節偏重在傳統的作業管理說明。第三節的主題為作業規劃,本節著重在轉換程序中的設計與作業之說明。第四節則簡介常用於控制的兩種排程工具(scheduling tools)。

最後兩小節專注於說明作業管理的觀念,應用於事業體的一般控制。第五節探討良好控制系統應有的特性。第六節以事業體的功能面為區分,說明常見於非營利事業的七種控管類型。

第八章 作業管理

第1節 作業管理的重要性

作業管理探討非營利事業中的**轉換程序**（transformation process）之設計、作業與控制。何謂轉換程序？轉換程序牽涉到投入、轉換與產出三個部份。舉例來說：醫院中的投入項目，包含：醫生、護士、行政人員、醫療設備、醫藥，以及到醫院看診的病人。轉換部份則指醫院提供給病人心理或生理的醫療照護。最後，產出則為經過醫療服務後的健康民眾。

再舉一例：大專院校的投入項目，包含：老師、行政人員、上課的教室、書籍，以及到校接受教育的學生。轉換部份則為資訊傳承方面的知識與技能。最後，產出則指受到高等教育薰陶的學生。

對非營利事業而言，無論是上述的醫院、學校，或是宗教團體與慈善基金會，這些事業將各種特定的投入，經由不同程序轉換成顧客所需要的產出，以滿足顧客需求。這種轉換的過程，也存在於人事、財務、行銷、資訊、作業等事業體的功能之中。

舉例來說：人力資源部門的經營者，期待經過投入與轉換後，員工能因此而受到激勵，並且樂於工作。財務部門的經營者則透過轉換後，使得財務更為公開與透明，且資金有比較高的投資報酬率。

因此，對非營利事業的經營者而言，不論個人的專長領域，究竟是在人力、財務、行銷，還是資訊管理，為了提升管理的效能與效率，都必須熟悉作業管理的概念。

第2節 價值鏈管理

顧客導向的行銷概念中，經營者在「以客為尊」的前提下，提供顧客需

要的產品、服務、社交利益或心理滿足。相對地來說，顧客必須認為物超所值時，才願意支付代價，換取非營利事業提供的某種**價值**（value）。

　　價值鏈（value chain）觀念是在《競爭優勢，Competitive Advantage: Creating and Sustaining Superior Performance》之書中，由**波特**（M. Porter）所提出。價值鏈代表事業體創造價值的每一個過程。進一步地來說，從原料、物料與人力開始，經過生產過程到成品的儲存與銷售，再到顧客手中的每一環節都屬於價值鏈，因為這些環節都會產生附加價值。

　　價值鏈管理中的價值是由顧客決定，所以顧客的權力最大。經營者透過**價值鏈管理**（Value Chain Management, VCM）的方法，管理生產過程中的每一個價值鏈環節，以在有限資源下，對目標顧客創造出最大價值。

　　根據上面說明，我們瞭解到價值鏈管理具有兩項特點，並與作業管理領域中的**供應鏈管理**（Supply Chain Management, SCM），顯著不同。首先，價值鏈管理為外部導向。代表事業體在滿足顧客需求的前提下，改善投入、轉換與產出的作業流程；相對地來說，供應鏈管理的思考方向，比較專注於作業流程的內部導向。

　　接著，價值鏈管理是**效能**（effectiveness）導向，而不是供應鏈管理所強調的**效率**（efficiency）導向。價值鏈管理的思考邏輯下，只有商品或服務達到目標顧客認同的價值時，才能滿足顧客需求。

　　經營者決定引進價值鏈管理方法時，須從六個方向進行事業體的**變革**（change），包含：（1）有效領導、（2）工作程序重新設計、（3）人力資源管理的變革、（4）提升資訊技術、（5）增進員工的協調與合作與（6）建立互相支援的組織文化。說明如下：

有效領導

　　經營者進行價值鏈管理時，應以願景與使命為出發點，站在目標顧客角

度，界定產品與服務之價值。

接著，經營者確立產生價值的最佳方式後，釐清員工在價值鏈中的角色與工作，以及肯定員工在價值創造過程中的各種努力。

最後，經營者以堅定而有承諾的領導方式，營造出合適的組織氣候，使得價值鏈管理的經營方式能夠持續進行。

☙工作程序重新設計☙

價值鏈管理的過程中，經營者以事業體的核心競爭力為出發點，思考附加價值的所在之處，然後重新設計工作的執行方式。對於無法產生附加價值的活動，或是成本大於效益而不應持續進行的活動，都需在工作程序的重新設計過程中刪除。

除了刪除不必要的活動外，更重要的注意事項有三點。首先，經營者應將顧客需求的預測準確性提高，使得顧客與事業體間，能更為緊密地連結在一起。

接著，經營者透過工作輪調的方法，將員工在製造、批發與零售等部門間移轉，以提升員工之間的合作。

最後，經營者針對價值鏈中每一項附加價值的環節，訂定績效衡量指標，做為獎勵員工的依據，以確認事業體所提供的產品與服務，能夠滿足目標顧客需求。

☙人力資源管理的變革☙

非營利事業大多以提供服務為主要之業務，而服務業中的最重要資源是員工。因此，當經營者引進價值鏈的管理方式時，就必須針對人力資源管理領域中的員工雇用及員工訓練，進行調整。

價值鏈管理方法引進事業體時，工作程序必須重新設計。設計後的工作

內容及工作方式,必須保持高度彈性,使得員工在工作中的所有活動,都能有效地創造或傳送價值給顧客。

因此,在彈性的工作設計前提下,事業體在招募員工或志工時,也必須尋找學習能力強、適應力也高的人選。

除此以外,為了提升員工的應變能力,事業體也應在員工訓練方面,例如:資訊軟體更新時的訓練,或是工作輪調時的訓練,持續地投資。

提升資訊技術

資訊在事業體內的分享,為成功價值鏈管理的第三項必要條件。因此,事業體必須在資訊科技方面進行投資。對於中小型的非營利事業而言,建構屬於事業體的專屬網頁,除了透過網頁對目標顧客進行教育外,也可透過網頁進行內部資訊的傳遞與分享。

對於大型的非營利事業而言,第七章介紹的**企業資源規劃系統(ERP)**,為針對業務流程而設計的資訊系統。此系統除了將事業體內的各種活動整合外,也包含將網路交易、企業情報等關於價值創造的資訊,整合為單一資訊系統。因此,建構專屬於事業體的企業資源規劃系統,能夠提升價值鏈的管理效能。

增進員工的協調與合作

本書第六章介紹**行銷管理通路**(placement)時,曾以佛教的法鼓山事業團體為例,說明位居台灣金山鄉的總會,可視為法鼓山的產品、服務與改變行為的製造者。隸屬於該事業且散居各地的分會,相當於行銷通路的批發商,而比分會更小的各地道場,則可視為零售商。

因此,在法鼓山的例子中,站在第一線且直接接觸顧客的零售商,可能比較瞭解顧客需求。為了滿足顧客所需,價值鏈中每一環節的成員,就必

須透過「由下而上」及「由上而下」的資訊分享方式，達到彼此的協調與合作。

建立互相支援的組織文化

成功價值鏈管理的最後一項必要條件，就是事業體的成員間具有互相支援的組織文化。經營者在推動價值鏈的管理方法時，從事業體的內部角度來看，須從員工間之協調、合作、資訊分享、彈性與互相尊重等方面著手。除此以外，在面對事業體的目標顧客時，也應致力發展與顧客間之互信與互利的長期伙伴關係。

第3節 作業規劃

作業規劃的過程有三階段，分別是：**作業計畫的設計**（design planning）、**設施規劃**（facilities planning）以及**營運計畫**（operational planning）。說明如下：

作業計畫的設計

作業計畫在設計時，需要從**產品線**（product line）、**產能**（capacity）與使用技術等三方面，考量提供給顧客的產品與服務。

產品線是指相似的產品或服務，僅在少部份**特徵**（characteristics）上有些許差異。舉例來說：大專院校對學生所開的日文課程中，相同授課老師就可選擇用不同的授課深度，教研究所的學生、大學生或社會大眾。

產能為在特定時間內，事業體能夠提供給顧客的產品與服務之數量。舉例來說：位居台灣高雄縣的佛光山事業團體，每逢假日時就人滿為患。佛光

山的停車空間、餐廳大小與可供顧客參觀的寺廟，決定了該事業體在同一時間內，能夠服務觀光客及信徒的總人數。

最後，使用技術則專指**自動化**（automation）的程度。經營者需思考用**勞力密集**（labor intensive）或**資本密集的方式**（capital intensive），生產或提供產品與服務。

設施規劃

作業規劃的第二階段，就是提供商品與服務的設施規劃。舉例來說：宗教事業團體決定自行創辦一所學校，或找尋合適的地點設立分會時，就牽涉到設施規劃。

決定設施地點時，土地取得成本、設施建造花費、目標顧客的居住地、員工與志工來源、當地民眾與政府的歡迎及協助程度，都是經營者需要考慮的事項。

除此以外，設施建好後的內部裝潢與布置，以及員工與志工的工作分派，經營者也需在設施規劃的過程中尋求合適安排。

營運計畫

當設計好產品與服務，且設施規劃與安排妥當後，經營者就要針對事業體的未來營運，依據下述三項步驟擬定計畫。首先，經營者需先決定營運計畫的時間長度。對許多非營利事業來說，一年的時間長度剛好。理由在於面對一年當中的淡季及旺季時，一年的營運規劃是用平均之觀點，降低季節效果對計畫所造成的影響。

除此以外，面對日益激烈的市場競爭，一年的時間也不算太長。經營者可隨時依據各種突發情況，修正或重新擬定下一年的營運計畫。

其次，經營者估計市場對產品與服務的需求，並將此需求與產能相比較。

最後，經營者調整事業體所提供的產品與服務，以滿足市場需求。當市場需求高於事業體產能時，可透過員工加班，或是增聘員工與擴充設施的方式，增加產品與服務的供給。相對地來說，某種產品或服務的產能過剩時，則可將此部門的部份員工，調派至其他產能仍舊低於市場需求的部門。如果無法為員工在事業體內找尋其他工作機會時，或許解聘部份員工，也是經營者不得不面對的選項。

第 4 節　作業排程

經營者執行作業規劃的過程後，就完成了作業計畫的設計、設施規劃與營運計畫。接下來的工作，就是透過**作業排程**（operations scheduling）的方法排出時間表，以透過時間表控制計畫中的各項活動。本節介紹兩種常見的作業排程方法，分別是：**甘特圖**（Gantt chart）及**計畫評核術**（Program Evaluation and Review Technique, PERT）。

甘特（H. Gantt）約在一九〇〇年提出甘特圖方法。甘特圖是以時間為橫軸，營運計畫中的各項活動為縱軸，所畫出來的長條平面圖。此方法透過簡單而易於瞭解之方式，表達各項活動在計畫中的預計進度與實際進度。

舉例來說：圖 8.1 為大專院校建造房屋的甘特圖。房屋興建包含九項重要活動，分別是：（1）核准設計、（2）整地、（3）建構房屋、（4）安裝門及窗、（5）貼外牆磁磚、（6）安裝水電及空調、（7）隔間及打磨地板、（8）油漆與（9）交屋驗收。

圖中表達各活動預計完成的時間。這間房屋從三月初開始興建，預計二十四星期後可以驗收交屋。其中核准設計需要兩星期時間、整地四星期、建構房屋八星期、安裝門及窗兩星期、貼外牆磁磚兩星期、安裝水電及空調

需兩星期、隔間及打磨地板要四星期、油漆兩星期，再用兩星期時間驗收後即可交屋。

除此以外，該圖也計畫在六月初，同時開始安裝門窗、水電及空調。七月初則除了外牆貼磁磚外，室內也同步進行隔間與打磨地板的工程。

	三月	四月	五月	六月	七月	八月
1、核准設計	■					
2、整地		■				
3、建構房屋			■	■		
4、安裝門及窗				■		
5、貼外牆磁磚					■	
6、安裝水電及空調				■		
7、隔間及打磨地板					■	▨
8、油漆						▨
9、交屋驗收						▨

說明：深色長條代表已經完成的活動，灰色長條代表待完成的活動，▲則代表現在時點。

圖 8.1　建造房屋的甘特圖

在圖下方的深色三角箭頭，代表目前檢視計畫進度的時間點為七月底，圖中的深黑色長條代表已經完成的活動。因此，九項活動的前六項已經在計畫的預定時間中完成。

另方面，圖中的灰色長條為待完成的活動。七月底的預計進度為將房屋隔間及地板打磨完成，而圖中深色實際進度僅完成該項工作的一半。

因為七月份的進度落後，所以要在八月底完成房屋驗收時，建築商人就必須立即調派人手趕工。否則，此項工程就可能延後到九月中旬才能夠交屋。

甘特圖介紹完後，接著用相同例子說明計畫評核術。計畫評核術是美國

軍方在一九五○年代，發展北極星潛水艇的武器系統時，為了同時協調三千家合約廠商而發展的排程控制方法。

計畫評核術以樹枝狀的方式，表達營運活動中各項活動的先後順序及彼此關係。**要徑**（critical paths）代表計畫中花費時間最長的一系列活動，也是決定計畫是否能如期完成的關鍵路徑。

圖 8.2 為建造房屋的計畫評核圖，該圖表達建造房屋九項活動之間的關係。舉例來說：只有建構房屋完成後，工人才能夠開始安裝門窗及安裝水電。並且，門窗與水電安裝這兩項活動可以同時進行。最後，只有在外磚、門窗、水電、隔間都完成後，工人才可以開始油漆房屋。

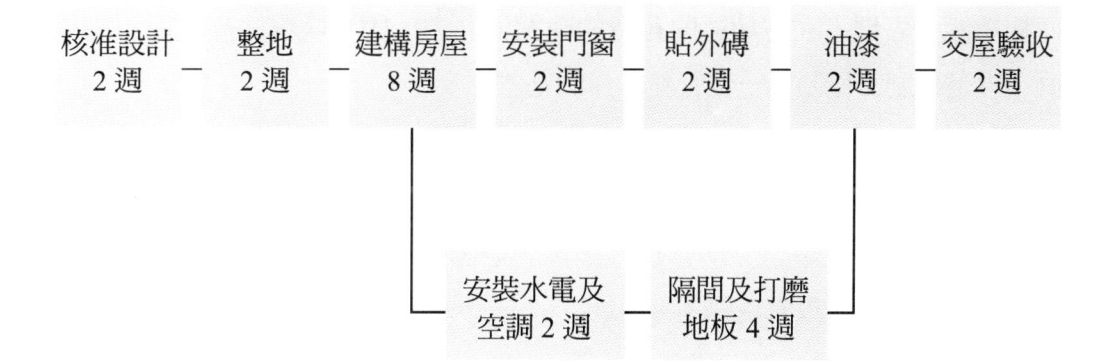

圖 8.2 建造房屋的計畫評核圖

圖中的要徑包含七項活動，分別是：核准設計、整地、建構房屋、安裝水電及空調、隔間及打磨地板、油漆以及交屋驗收。要徑一共需要花費二十四週的時間才能完成。

因此，當工人無法在六週內完成要徑中的安裝水電與空調，以及隔間及打磨地板活動時，則計畫執行者就應調派安裝門窗的人手，幫忙房屋的隔間工作。

雖然因為上述的人手調派情況下，造成安裝門窗無法在預定的兩週內完成，但是只要非要徑中的安裝門窗及貼外磚這兩項活動，合計在六週內完成時，則整項房屋建造的工程，還是可以如期在半年內完成。

第5節　控制系統的特色

控制之目的在於確認事業體的作業活動，能夠依照原先計畫而完成。管理者的日常工作從**管理程序**（management process）來看，包含：**規劃**（planning）、**組織**（organizing）、**領導**（leading）及**控制**（controlling）等四種功能。管理者在各功能間花費的時間與心力，因為職位之高低而不盡相同，但是控制工作為每一位管理人員的基本職責。

控制有三種類型，分別是：事前控制、事中控制與事後控制。事前控制為實際的作業活動之前，防患於未然的控制。事中控制則是在作業活動過程中的問題發生時，予以立即修正。最後，事後控制則是作業活動結束後，才「亡羊補牢」地予以修正錯誤。

良好控制系統包含七種特性，分別是：正確資訊、時效性、效益大於成本、彈性、易於瞭解、適當的控制標準與注重在關鍵的作業活動，說明如下：

正確資訊

控制程序有三個步驟，分別是：**衡量實際績效**（performance）、將實際績效與原訂績效比較、修正偏離或是錯誤的作業活動。因此，控制系統必須要能提供正確資訊，經營者才可透過訊息而採取必要之修正行動。

時效性

控制系統發現錯誤的活動時,必須立即通知經營者,才能及時改正錯誤,且將不必要的浪費降到最低。

效益大於成本

控制系統導入非營利事業時必須要花錢,所以經營者確認系統產生的效益大於支付之成本時,才可以引進該控制系統。

彈　性

非營利事業面對的環境時時在改變,所以控制系統須具有足夠彈性,才能因應環境的改變,而進行及時且必要之調整。

易於瞭解

控制系統如果難以讓經營者瞭解,則可能造成不必要的誤解,而無法被有效地使用,所以好的控制系統須具有易於瞭解的特性。

適當的控制標準

控制系統必須採用員工認同且適當的控制標準,才能有效地激勵員工,並且提高工作績效。

注重在關鍵的作業活動

良好的控制系統不是為了控制事業體內的每一個活動,而是注重於關鍵作業活動的控制。換句話說,控制系統在設計時必須針對作業活動中,最可能發生錯誤,或是可能造成重大損失的作業活動,進行必要的控制。

第 6 節　控管類型

本節從非營利事業的功能面，說明七種常見的控管類型。何謂控管？控管為經營者在各種功能領域中，透過政策與程序的制訂後，產生標準化作業方式，使得員工的權力與責任間達到平衡。

人力資源方面的控管有三種，分別是：內部章程、人事政策與志工政策的執行。財務方面的控管必須透過財務政策的擬定。行銷方面的控管，以媒體政策的說明為例。作業管理方面的控管，則著重在品質保證。最後，本章以防災政策為代表，說明資訊管理方面的控管。

內部章程

非營利事業的董事會每隔一段時間（例如兩年、或三年），就應重新檢視事業體的使命，決定是否必須因時制宜，做某種程度的修正。

接著，董事會應適時地改組。新任董事提出新的政策，使得事業體比較能夠適應多變的環境。

最後，內部章程在擬定時應保留彈性。舉例來說：事業體因為突發狀況，根據內部章程成立特別委員會。經過調查與研究後，特別委員會向董事會專案報告，並提出問題解決辦法。

人事政策

經營者在擬定人事政策時，必須符合政府的雇用法規。尤其在雇用歧視、員工資遣與性騷擾等方面，都應確定沒有違法。

志工政策

志工政策中應詳細說明事業體的使命。除此以外，志工的訓練、工作內

容、應盡的責任與義務，也必須透過正式文件，在志工政策中說明。

財務政策

　　財務政策中應明確規範出董事會、財務委員會取得財務報表資訊的內容，以及資訊的更新間隔時間。舉例來說：對於大型非營利事業而言，財務單位在月底應提供財務委員會，有關於當月收入、支出與現金流量表的資訊，簡明式財務報表需按季提報董事會。至於詳細的財務報表，則應在每年的年底編製。

　　除了資訊揭露的規範外，事業體在現金控管方面，負責支票與現金記錄的員工，應該與到銀行存錢及處理銀行結算單的員工，有所區分，不可由相同員工擔任所有工作。

　　事業體的舉債政策，也必須明確規範董事會、財務委員會與執行長的權限。舉例來說：特定金額內，基金會執行長可以不需經由董事會同意，增加事業體的銀行借款金額。

媒體政策

　　非營利事業應推出適當人選，作為事業體的對外發言人，例如：公共關係主任或執行長。在對外發言時，應該口徑一致，清楚而明確地發佈訊息。

　　非營利事業的董事，有些人是由社會賢達擔任。雖然董事可能與新聞媒體的關係良好，但是董事對該事業的實際運作，不見得十分清楚。因此，經營者應使董事們清楚地瞭解，事業體對外發言的相關媒體政策。

品質保證政策

　　經營者應該對非營利事業的商品與服務，設定明確標準，並要求員工與志工達成這些目標。

舉例來說：大專院校透過學生的課堂反應問卷，瞭解教師的教學品質是否達到學校標準。醫院急診室設定急診病患到醫院看診的等候時間，必須低於十五分鐘。博物館在展覽私人提供的收藏品時，必須經過專家評鑑且達到特定標準後，才能予以公開展示。

防災政策

防災政策中應說明事業體的防災準備項目，以及災難發生後的應變措施。防災準備中，例如位居地震頻繁區域的非營利事業，平常就應準備水、乾糧、手電筒、收音機與逃生設備。除此以外，房屋的結構也應在平時予以補強。

非營利事業應在災難發生前，預先擬定應變措施的計畫。計畫中包含：災難發生時的通報方式、救災指揮系統與災難發生後的重建方式。如此才能在經歷了災難後，於最短的時間內重建，並持續地提供產品與服務給顧客。

第八章 作業管理

習 題

8.1 何謂作業管理？請說明。

8.2 轉換程序包含三個部份，請說明。

8.3 何謂價值鏈管理？請說明。

8.4 價值鏈與供應鏈管理的兩項基本差異為何？請說明。

8.5 經營者引進價值鏈管理方法時，必須從六個方向進行事業體的變革，請說明。

8.6 經營者決定採用價值鏈管理時，應從三大方向有效領導員工，請說明。

8.7 價值鏈管理的過程中，經營者以核心競爭力為出發點，思考附加價值的所在之處，然後重新設計工作的執行方式。除了刪除不必要的活動外，更重要的注意事項有三點，請說明。

8.8 作業規劃的過程有三階段，請說明。

8.9 作業計畫在設計時，考量事業體提供給顧客的產品與服務，要從三方面加以考慮，請說明。

8.10 決定非營利事業的設施地點時，需要考慮的因素有五項，請說明。

8.11 設施規劃的過程中，除了考慮非營利事業的設施地點外，也需考慮設施建好後的三項工作，請說明這些工作。

8.12 擬定非營利事業營運計畫的三項步驟為何？請說明。

8.13 當市場需求高於非營利事業的產能時，可採行的三項措施為何？請說明。

8.14 當某種產品或服務的產能過剩時，可採行的兩項措施為何？請說明。

8.15 常見的作業排程方法有兩種，請說明。

8.16 何謂甘特圖？請說明。

8.17 何謂計畫評核術與要徑？請說明。

8.18 良好控制系統包含七種特性，請說明。

8.19 七種常見的控管類型為何？請說明。

8.20 非營利事業應在災難發生前，預先擬定應變措施的計畫。計畫中包含三個重要部份，請說明。

心得筆記

【題　庫】

第一章　使命優先的非營利事業

1.1 管理的五大功能為何？請說明。

答：（1）人事管理，（2）財務管理，（3）行銷管理，（4）資訊管理，（5）作業管理。

1.2 管理程序包含四項週而復始的工作，請說明。

答：（1）規劃，（2）組織，（3）領導，（4）控制。

1.3 非營利事業的歸類中，依據台灣的現行法律，包含五大類型，請說明。

答：（1）公法人，（2）公益社團法人，（3）中間社團法人，（4）財團法人，（5）非法人團體。

1.4 何謂公法人？請說明後再舉兩例。

答：公法人是以公益為目的，依據公法所設立的組織。公法人包含：（1）中央政府，（2）縣政府，（3）市政府，（4）水利會。（此處四個答案挑兩個）

1.5 何謂公益社團人？請說明後再舉兩例。

答：公益社團法人以社員為基礎，所形成不特定多數人利益為目的之社團。舉例來說：台灣的農會與工會。

1.6 何謂財團法人？請說明後再舉兩例。

答：財團法人是為達到特定與繼續經營之目的時，必須使用財產而成立之法人團體。財團法人依據民法設立，包含：（1）寺廟，（2）教會，（3）消費者文教基金會，（4）其他的基金會。（此處四個答案挑兩個）

1.7 非營利事業在本世紀的台灣，受到七個發展的大趨勢所影響，請說明這些趨勢。

答：（1）人口老化，（2）社會多元化，（3）服務業為主的產業，（4）教育體系的危機，（5）職場中女性就業比例提高，（6）資訊科技對經營

層面的影響益大，（7）財務管理的重要性日益提高。

1.8 非營利事業需有使命的三項原因，請說明。

答：（1）使命提供大方向，讓所有員工知道從事什麼樣的工作，也因此而凝聚員工之間的向心力。（2）經營者透過使命的文字內容，訂定該事業的長期、中期、短期目標，然後評估員工的工作績效。（3）招募志工或是向外界募集善款時，明確而又可行的使命說明，能夠得到一般社會大眾的認同。

1.9 杜拉克認為使命必須反映三項要素，請說明。

答：（1）機會，（2）能力，（3）投入感。

1.10 對非營利事業來說，優良董事會具有三項特質，請說明。

答：（1）董事們瞭解且支持該事業的使命，（2）董事會成員向外為非營利事業募集善款，（3）董事會改組列入組織的章程。

1.11 請說明組織設計的三個基本構面。

答：（1）工作專業化，（2）集權與分權，（3）部門化。

1.12 控制幅度的大小，受到七項情境因素影響，請說明。

答：（1）使命的清晰程度，（2）組織價值系統的完善度，（3）制度設計優良性，（4）資訊系統的複雜程度，（5）管理者是否偏好授權，（6）部屬的工作經驗，（7）員工的工作是否單純且相似性高。

1.13 對非營利事業來說，常見的部門化方式有三種，請說明。

答：（1）功能部門化，（2）產品與服務部門化，（3）地理部門化。

1.14 對非營利事業來說，功能部門化的優點與缺點為何？請說明。

答：（1）功能部門化的優點為強調專業分工，（2）缺點則是比較沒有彈性，也沒有利潤中心的觀念。

1.15 對非營利事業來說，產品或服務部門化以及地理位置部門化的優點與缺

點為何？請說明。

答：（1）優點在於落實利潤中心的想法，透過自負盈虧方式，對各部門設立績效評估標準。（2）缺點在於這兩種部門化的方法，從功能面來說，會造成人事、財務、行銷等僱用人員的重複與浪費。

1.16 何謂矩陣式結構？請說明後並探討此種組織設計的優點與缺點。

答：矩陣式結構的組織設計，是在功能部門化的縱向架構中，透過專案設立的橫向方式，形成類似矩陣（matrix）的組織結構。（1）優點在於兼具功能專業化的同時，具有彈性與利潤中心評估。（2）缺點就是違反了指揮鍊的原則。

1.17 工作團隊的優點有四項，請說明。

答：（1）增加員工的向心力與歸屬感，（2）提高工作滿意度，（3）增加工作效率及組織績效，（4）具有彈性與適應性。

1.18 工作團隊成員的九項角色為何？請說明。

答：（1）創新者，（2）支持者，（3）傾聽者，（4）評估者，（5）組織者，（6）實行者，（7）控制者，（8）維持者，（9）協調者。

1.19 領導的基礎為何？請說明。

答：信任。

1.20 請說明領導者建立信任的五個構面。

答：（1）正直，（2）忠誠，（3）不藏私，（4）一致性，（5）具有勝任工作的能力。

第二章　人事管理

2.1 人事管理探討的重點為何？請說明。

答：人事管理探討的重點，在於能影響員工之工作態度與行為的政策、系統

架構與實行方法。

2.2 人事部門主管的六種例行工作為何？請說明。

答：(1) 人力資源規劃，(2) 招募員工及組織縮減，(3) 甄選，(4) 員工的訓練與發展，(5) 績效的評估與管理，(6) 員工的薪資與福利。

2.3 人力資源規劃的步驟有三項，請說明。

答：(1) 工作分析，(2) 人力資源盤點，(3) 未來人力資源的需求預測。

2.4 工作說明書與工作規範書有何不同？請說明。

答：(1) 工作說明書包含每一份工作的任務內容、應盡義務與應有責任。(2) 工作規範書說明工作為了順利執行，需要的員工知識、技術、能與相關的人格特質。

2.5 工作說明書為什麼重要？請說明工作說明書的五種用途。

答：人事主管透過工作說明書：(1) 思考工作的重新設計，(2) 運用在人員甄選，(3) 教育訓練，(4) 績效評估，(5) 工作評價。

2.6 人力資源盤點時，員工需填寫的資訊為何？請列舉五例說明。

答：(1) 個人姓名，(2) 學歷，(3) 經歷，(4) 語言能力，(5) 其他與工作相關的技能。

2.7 招募員工的六種常見方法，請說明。

答：(1) 內部招募，(2) 內部員工介紹，(3) 學校的就業輔導機構，(4) 公共就業服務機構，(5) 廣告，(6) 私人就業服務機構。

2.8 招募員工時，內部招募的三項優點為何？請說明。

答：(1) 成本低廉，(2) 就任者調適新工作所需時間較短，(3) 能提升現有員工士氣。

2.9 招募員工時，內部招募的兩項缺點為何？請說明。

答：(1) 可供選擇的員工人數有限，(2) 員工的多樣性不足。

2.10 招募員工時，內部員工介紹的兩項優點為何？請說明。

答：（1）內部員工基於對職缺工作的瞭解，會事先過濾掉不合適的求職者。（2）介紹人相當於拿自己的工作當「抵押」。當被介紹人的工作表現不佳時，連帶地也會影響到高階經營者對介紹人的觀感。

2.11 招募員工時，內部員工介紹的缺點為何？請說明。

答：無法增加員工的多樣性。

2.12 招募員工時，透過廣告招募的方法有三種，請說明。

答：（1）網路的電子化招募，（2）報紙與雜誌的分類廣告，（3）電視媒體運用。

2.13 常見的組織縮減方案有六種，請說明。

答：（1）凍結，（2）減少工時，（3）調職，（4）提早退休，（5）資遣，（6）解雇。

2.14 甄選的程序有五項，請說明。

答：（1）過濾求職者的基本資料，（2）雇用測驗，（3）面談，（4）背景資料確認，（5）決定適合的員工人選。

2.15 求職者提供的基本資料有三項，請說明。

答：（1）求職申請書，（2）履歷表，（3）自傳。

2.16 常見的雇用測驗有兩種，請說明。

答：（1）書面測驗，（2）績效模擬測驗。

2.17 提升面談成效的關鍵因素有三項，請說明。

答：（1）面談者確認要找到什麼樣的員工，並事先規劃面談所需的各項細節內容。（2）避免個人主觀好惡。（3）面談過程應協助求職者放鬆心情，並按照既定程序進行。

2.18 常見的訓練與發展方法有三種，請說明。

答：（1）課堂講授法，（2）工作輪調，（3）實習指派。

2.19 衡量員工績效的常見方法有七種，請說明。

答：（1）書面評論，（2）關鍵事件，（3）圖解等級尺度，（4）行為定錨等級尺度，（5）多人比較，（6）目標管理，（7）全面評估。

2.20 人事主管在設計薪資結構時，主要考慮三項因素，請說明。

答：（1）法律規範，（2）組織目標，（3）勞動市場供需。

第三章　會計原理與財務報表

3.1 非營利事業的基本財務報表有三種，請依重要性排序候，加以說明。

答：（1）資產負債表，（2）作業表，（3）現金流量表。

3.2 非營利事業的資產、負債與基金，請說明在會計學的定義。

答：（1）資產：代表由非營利事業擁有，可用貨幣衡量之經濟資源，並具有未來之經濟效益。（2）負債：因為現在及過去的交易行為或其他事項，而產生之可用貨幣衡量的經濟義務，且此種義務必須要在現在或是未來提供勞務，或是支付經濟資源才能予以償付。（3）基金：基金是基金會對非營利事業的剩餘資產求償權。

3.3 何謂非營利事業的資產負債表？作業表？現金流量表？

答：（1）資產負債表代表從事業創辦的那一天開始，直到編表的那一天為止，有關資產及負債的累積情況。（2）作業表說明非營利事業在某一期間（一般以一年為主）的經營成果。（3）現金流量表之目的為說明非營利事業在某一期間之現金，在業務、投資及理財活動的流動情況。

3.4 美國的財務會計準則委員會，主要發行四種公報，請說明。

答：（1）財務會計準則公報，（2）解釋公報，（3）技術公報，（4）財務會計概念公報。

3.5 美國的財務會計第二號概念公報中,說明會計資訊與決策有關的兩項品質為何?請說明。

答:(1)攸關性,(2)可靠性。

3.6 美國的財務會計第二號概念公報中,說明可靠的會計資訊,必須由三方面構成,請說明。

答:(1)可驗證性,(2)忠實表達,(3)中立性。

3.7 美國的財務會計第四號概念公報中,說明非營利事業財務報表之七項目的,請簡要說明。

答:(1)財務報表必須提供有用之資訊,(2)財務報表應提供足夠資訊,針對該事業已經提供的各項服務進行適當的評價。(3)財務報表須說明經營者是否盡責?是否有好的績效表現?(4)財務報表應表達該事業的經濟資源、所需承擔的義務以及淨資源的相關資訊。(5)財務報表應顯示特定期間的經營績效。(6)財務報表應說明金錢及其他的流動資源方面,如何取得與支配。(7)財務報表應包含完整的解釋與說明。

3.8 美國的財務會計第五號概念公報中,說明財務報表在編製過程中,會計資訊通過成本效益的限制及重要性的門檻後,還必須達到四項標準,才可以在財務報表認列。請說明這四項標準。

答:(1)定義,(2)可衡量性,(3)攸關性,(4)可靠性。

3.9 美國的財務會計第五號概念公報中,說明會計資訊的衡量方法有五種,請說明。

答:(1)歷史成本法,(2)現時成本法,(3)現值市價法,(4)淨變現價值法,(5)淨現金流量法。

3.10 美國的財務會計第六號概念公報中,說明與企業績效衡量有關的十項要素,請說明。

答:(1)資產,(2)負債,(3)權益,(4)業主投資,(5)分配給業

主，（6）綜合淨利，（7）收益，（8）費用，（9）利得，（10）損失。

3.11 何謂會計學中的收益與費用？

答：（1）非營利事業在持續經營的過程中，提供核心業務有關的商品或服務給顧客，以換取資產流入或負債清償時，就稱為收益。（2）費用是指提供商品或服務的同時，該事業所需付出的資產或增加的負債。

3.12 何謂會計學中的利得與損失？

答：（1）非營利事業的經營過程中，因為核心業務以外的交易或非交易活動，而造成該事業的淨資產增加之結果，稱為利得。（2）損失則是指在核心業務以外的交易或非交易活動，造成該事業淨資產減少的結果。

3.13 非營利事業中，常見的限制基金有五種類型，請說明。

答：（1）特殊目的基金，（2）捐贈，（3）廠房更新與擴充，（4）年金基金，（5）分支機構特有基金。

3.14 何謂事業個體假設？請說明。

答：事業個體假設下，會計人員將非營利事業與該事業之負責人，區分為兩個不同個體。因此，非營利事業的財務報表必須與該事業負責人的個人財務報表，有所區分。

3.15 財務報表的附註，提供的補充說明有三項，請說明。

答：（1）報表採用之會計方法，（2）或有負債，（3）期後事項。

3.16 何謂雙式簿記？請說明。

答：雙式簿記指會計人員記錄每筆交易時，包含借方科目及貸方科目。

3.17 會計循環的步驟有六項，請說明。

答：（1）分錄，（2）過帳，（3）試算，（4）調整，（5）結帳，（6）編製報表。

3.18 何謂分錄？請說明。

答：交易發生時，會計人員決定交易性質屬於買方還是賣方？接著決定影響的科目及金額。然後依據借貸法則，選擇借記或是貸記該項目，並將交易記錄記載在普通日記簿。前述所有過程稱為分錄。

3.19 應計基礎下，會計人員的調整事項有三種類型，請說明。

答：（1）應計項目，（2）遞延項目，（3）估計項目的調整。

3.20 會計循環的第五個步驟是結帳，請說明。

答：結帳指會計期間終了時，會計人員針對各個分類帳，分別計算借貸相抵後之餘額後，將餘額以結清或結轉下期的方式，結束各分類帳。

第四章　財務分析

4.1 非營利事業的財務報表具有三項經濟功能，請說明。

答：（1）財務報表對經營者、債權人、社會上的善心人士、以及政府主管機關而言，可表達非營利事業過去及現在的財務狀況。（2）透過財務報表的分析，經營者、債權人及政府主管機關，可設定非營利事業的績效目標，從而要求該事業的從業人員。（3）提供經營者充分的資訊，以進行財務規劃。

4.2 財務健全的非營利事業，財務報表具有五種特色，請說明。

答：（1）財務報表中的業主權益由基金組成。（2）資產組成中的固定資產金額遠高於流動資產金額。（3）流動資產主要以現金與銀行存款存在。（4）負債占總資產的比重，大多遠低於基金占總資產之比重。（5）負債是以短期負債為主。

4.3 財務報表分析的方法有四種，請說明。

答：（1）共同比分析，（2）比率分析，（3）同業比較，（4）敘述性資料分析。

4.4 非營利事業報表的比率分析,一般從四個方面探討,請說明。

答:(1)短期償債能力,(2)長期償債能力,(3)資產管理能力,(4)資源使用的長期適當性。

4.5 短期償債能力的衡量指標中,常見的有兩種,請說明。

答:(1)流動比率,(2)營運資金。

4.6 衡量非營利事業的短期償債能力時,除了流動比率及營運資金這兩項指標外,還須考慮無法在報表的帳面上顯現,卻有可能影響短期償債能力的四種因素,請說明。

答:(1)該事業持有可立即轉換成現金的長期資產越多,則短期償債能力越強。(2)未使用的銀行信用額度雖然無法見於財務報表,卻可使短期償債能力增強。(3)該事業是否有發行債券與股票以募集資金的能力。(4)該事業是否有巨額的或有負債尚未入帳。

4.7 衡量非營利事業的長期償債能力時,常用的衡量指標有三項,請說明。

答:(1)利息保障倍數,(2)負債比率,(3)長期負債與長期融資之比。

4.8 非營利事業的資產管理能力指標有四項,請說明。

答:(1)總資產周轉率,(2)固定資產周轉率,(3)應收帳款平均收現天數,(4)存貨平均銷售天數。

4.9 營業週期的估計天數,如何計算?請說明。

答:營業週期等於存貨平均銷售天數,加上應收帳款平均收現天數。

4.10 非營利事業資源使用的長期適當性,常用的衡量指標有兩項,請說明。

答:(1)純益率,(2)淨資產報酬率。

4.11 財務規劃為動態的循環過程,包含七個步驟,請說明。

答:(1)策略擬定,(2)計畫時間長度的決定,(3)影響需求的外在因素分析,(4)未來收益與費用估計,(5)各部門的目標訂定,(6)

定期評估，（7）期末檢討。

4.12 影響非營利事業收入的外在因素中，常見的因素有五項，請說明。

答：（1）經濟的未來發展情況，（2）人口老化程度，（3）所得分配情形，（4）貧富差距情況，（5）競爭者的相關資訊。

4.13 財務規劃中最常用的估算方法為何？請說明。

答：收入百分比法。經營者需預估事業體在未來提供服務與產品時所獲取的收入。透過收入估計出相對應的成本、費用、現金流量與外部融資需求。最後，再估算事業體的未來平衡表及收支餘絀表。

4.14 財務計畫包含四個重要子計畫，請說明。

答：（1）現金預算計畫，（2）營運資金管理，（3）資本預算計畫，（4）外部融資需求計畫。

4.15 營運資金管理包含三個主要部份，請說明。

答：（1）現金及有價證券管理，（2）應收款及應付款管理，（3）存貨管理。

4.16 何謂淨現值法？請說明。

答：淨現值指投資計畫每年產生的淨現金流量，經過加權平均資金成本折成現值再加總後，在決策點的投資總價值。淨現值大於零時，值得投資；相對地來說，淨現值小於零時，就不值得投資。

4.17 淨現值方法中，估計加權平均資金成本時，投資決策必須與融資決策分開考量，請說明如何分開考量？

答：分開考量是指計畫每年產生的淨現金流量，在折成現值時所採用的資金成本，等於產生該計畫現金流量相同風險的機會成本，而不是該計畫的融資成本。

4.18 淨現值方法在預估現金流量時，將非現金因素加入考量有兩種方法，請說明。

答：（1）直接看財務面，估算出可能損失後，再看損失是否可以承受？有

沒有必要承受？投資下去是否不至於造成事業體主體的財務危機？再決定是否投資。（2）將非經濟因素以預估金額加以量化衡量後，計算出包含非經濟因素的淨現值，然後再依據分析結果進行投資決策。

4.19 非營利事業進行內部融資時，資金來源包含三個方面，請說明。

答：（1）歷年經營而產生累積盈餘為主的非限制基金。（2）暫時限制基金。（3）永久限制基金。

4.20 非營利事業進行外部融資時，有兩種方法，請說明。

答：（1）透過信用或抵押品向銀行舉借資金的間接融資。（2）發行票據與債券向外融資的直接融資。

第五章　投資與理財

5.1 何謂投資、投機與賭博？請說明。

答：（1）投資：購買財產之主要目的，在於長時間擁有財產以享受其孳息時，則屬於投資行為。

（2）投機：購買證券時，打算短時間持有，且希望透過掌握買賣時機，以獲取價格變動而產生的資本利得時，這種行為就稱為投機。

（3）賭博：經濟行為的未來收入平均值，低於投資當時的平均值時，就被定義為賭博。

5.2 何謂風險怯避（risk averse）？請說明。

答：在現有報酬與風險條件下，若要投資人承擔更多風險，則該投資的報酬不但要增加，而且報酬增加幅度一定要大於風險增加的幅度時，才能吸引投資人繼續投資。

5.3 資本市場的三種常見長期信用工具為何？請說明。

答：（1）股票，（2）公司債，（3）政府公債。

5.4 貨幣市場的四種常見短期信用工具為何？請說明。

答：（1）商業本票，（2）定期存單，（3）銀行承兌匯票，（4）國庫券。

5.5 台灣現有的期貨與選擇權商品有五大類型，請說明。

答：（1）股價指數期貨，（2）利率期貨，（3）商品期貨，（4）指數選擇權，（5）股票選擇權。

5.6 普通股股票的權益有四項，請說明。

答：（1）股利分配權，（2）參與經營權，（3）新股優先認購權，（4）剩餘資產求償權。

5.7 何謂普通股的參與經營權？請說明。

答：股東在股東大會中，表決公司重大議案、選舉董事及監事，與檢查帳簿記錄。所以股東透過股東大會，影響公司的經營決策。

5.8 何謂普通股的剩餘資產求償權？請說明。

答：公司解散而清算後的資產處分金額，除了必須優先償還債務外，剩餘金額就依股東的持股多寡，比例分配還給股東，此種權益稱為剩餘資產求償權。

5.9 特別股的常見優先權有五種，請說明。

答：（1）召回權，（2）轉換權，（3）贖回權，（4）投票權，（5）股利分配權。

5.10 特別股的召回權與轉換權有何不同？請說明。

答：召回權與轉換權之基本差異，為召回權的權利在發行公司，而轉換權的權利屬於股東。只有在召回特別股對公司有利時，公司才選擇召回。另方面來說，公司股價上升到一定程度，且轉換後有利可圖時，股東才選擇放棄繼續持有，而將特別股轉換成普通股。

5.11 公司債的權益條款包含四種類型，請說明。

答：（1）召回權，（2）轉換權，（3）擔保權益，（4）記名權益。

5.12 可轉換公司債的特色為何？請說明。

答：為了強化公司的財務結構，公司債發行一段時間後，在特定條件下可轉換成普通股，此種債券稱為可轉換公司債，俗稱「可轉債」。可轉債為公司債與股票的混血兒，兼具了債券安全性與股票獲利性。

5.13 公司債的價值，決定於它能帶給債權人之經濟利益。影響債券價值的因素有三項，請說明。

答：（1）每期債息支付，（2）貼現率，（3）債券存續期間。

5.14 債券價格的主要影響因素有兩種，請說明。

答：（1）違約風險，（2）貼現率。

5.15 共同基金依投資標的之不同，可區分為七種常見類型，請說明。

答：（1）權益型基金，（2）指數型基金，（3）貨幣市場基金，（4）債券型基金，（5）平衡型基金，（6）資產配置型基金，（7）產業鎖定型基金。

5.16 期貨契約分為金融期貨與商品期貨兩大類型。金融期貨常見有五種，請說明。

答：（1）股票期貨，（2）股價指數期貨，（3）外匯期貨，（4）外匯交換，（5）利率交換期貨。

5.17 商品期貨的類型分為五大類，請說明。

答：（1）穀物期貨，（2）牲畜期貨，（3）食物及纖維期貨，（4）金屬期貨，（5）石油期貨。

5.18 選擇權之標的物除了股票外，簡單型選擇權也包含其他資產所衍生的特定選擇權。請以三例說明。

答：（1）股價指數選擇權，（2）外幣選擇權，（3）期貨選擇權。

5.19 奇異選擇權為非標準化契約的選擇權，包含四種常見類型，請說明。

答：（1）亞式選擇權，（2）障礙選擇權，（3）回顧選擇權，（4）二項選擇權。

5.20 除了簡單型選擇權與奇異選擇權外，理財工具中亦有許多證券具有選擇權的特質。請以三例說明。

答：（1）可贖回債券，（2）可轉換證券，（3）認股權證。

第六章　行銷管理

6.1 行銷搭配又稱為行銷的 4P，請說明。

答：（1）產品與服務，（2）代價，（3）行銷通路，（4）促銷。

6.2 柯特勒與安綴申認為，顧客透過非營利事業進行理性交換行為時，則顧客支付代價有四種形式，請說明。

答：（1）放棄資產，（2）放棄舊觀念，（3）改變舊行為，（4）捐出個人的時間與精神。

6.3 柯特勒與安綴申認為，顧客透過非營利事業進行理性交換行為後，顧客取得的利益有三種，請說明。

答：（1）換取商品或服務，（2）取得社交方面的利益，（3）增加心理的滿足程度。

6.4 請回答效用滿足的四種類型。

答：（1）形成效用，（2）地點效用，（3）時間效用，（4）占有效用。

6.5 管理者持有產品導向、推銷導向或顧客導向的行銷概念時，在行銷商品或服務時，有何不同？請說明。

答：（1）產品導向觀念的管理者深信：只要產品夠好，顧客自然會主動上門。（2）推銷導向的管理者，認為組織的首要任務，就是刺激潛在客戶對現有產品或勞務的需求。（3）顧客導向的管理者，站在顧客的立場，「由外而內」地探討事業體應如何提供產品與服務，以滿足顧客需求。

6.6 策略行銷規劃的程序可分成六個步驟，請說明。

答：（1）組織目標與標的之決定，（2）外部環境分析，（3）內部環境分析，（4）行銷目標與標的設立，（5）行銷策略擬定，（6）行銷計畫的實施、評估與控制。

6.7 外部環境包含四大類型，請說明。

答：（1）大環境，（2）市場環境，（3）競爭環境，（4）群眾環境。

6.8 何謂 SWOT 分析，請說明。

答：（1）機會，（2）威脅，（3）優勢，（4）劣勢。

6.9 組合規劃法中，波士頓顧問群的方法為何？請說明。

答：

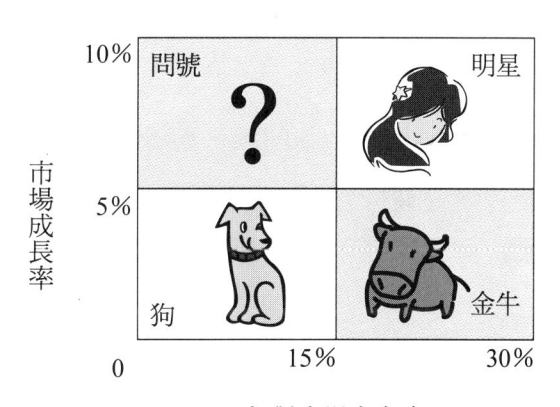

圖 6.1 波士頓顧問群方案組合法

6.10 核心行銷策略包含三個部份，請說明。

答：（1）區隔市場以選擇目標市場。（2）選擇競爭的市場定位。（3）發展行銷組合。

6.11 市場區隔的常見因素有四項，請說明。

答：（1）人口統計因素，（2）地理因素，（3）心理因素，（4）行為層面。

6.12 波特主張事業體的競爭策略有三種，請說明。

答：（1）成本導向，（2）差異化，（3）集中化。

6.13 產品概念的層次有三種，請說明。

答：（1）核心產品，（2）有形產品，（3）產品的擴充與延伸。

6.14 核心產品大多需要依附於有形產品，請說明有形產品的五種特質。

答：（1）特色，（2）式樣，（3）品質，（4）包裝，（5）品牌。

6.15 服務的特質有四項，請說明。

答：（1）立即被消費，（2）合於顧客需要的時間與地點，才能被提供，（3）透過員工才能提供，（4）顧客滿意度很難有效衡量。

6.16 社會行銷優於社會傳播，理由有四項，請說明。

答：（1）社會行銷透過行銷研究以了解市場。（2）社會行銷是以顧客需求滿足為出發點。（3）社會行銷對顧客提供激勵因素，以提高他們改變行為的動機。（4）社會行銷對反應管道非常重視。

6.17 非營利事業決定產品與服務的價格時，就是考慮顧客支付的所有代價。此時應確立定價目標，請說明五種訂價的目標。

答：（1）盈餘最大化，（2）回收成本，（3）市場最大化，（4）社會公平，（5）阻止市場正常運作。

6.18 為了使行銷通路順暢,非營利事業在選擇通路時有六種考量,請說明。

答:(1)服務品質,(2)直接行銷或間接行銷,(3)通路的寬度與長度,(4)功能傳送,(5)通路人員雇用,(6)通路的協調與控制。

6.19 非營利事業進行募款活動時,募捐程序的步驟有四項,請說明。

答:(1)該事業的經營者,分析個人、基金會、公司與政府等捐贈者市場,並將募捐工作依據不同的市場,指派專人負責。(2)每年設立年度募捐目標,且根據目標激勵勸募者與志工。(3)針對不同的捐贈群眾,發展出特定的募捐技巧組合。(4)對募捐結果評估。

6.20 為了讓目標顧客能對本事業的產品與服務,產生或維持好觀感,經營者需執行公共關係管理的策略規劃程序。此程序有六項步驟,請說明。

答:(1)確認目標群眾,(2)衡量群眾對本事業的現有觀感,(3)針對目標群眾建立本事業的形象目標,(4)制訂合於成本效益原則的公共關係策略,(5)選擇建立公共關係的工具與方案。(6)執行方案與評估結果。

第七章　資訊管理

7.1 杜佛勒認為人類從古到今的文明,經歷三種浪潮衝擊,請說明。

答:第一波是農業,從有人類歷史記載開始以前,到一八九〇年代為止。第二波是工業,時間從一八九〇年代開始,到一九六〇年代為止。第三波是資訊,時間從一九七〇年代開始,到現在仍往前延伸。

7.2 資訊波衝擊後,對非營利事業產生四種重要的影響,請說明。

答:(1)國界對於非營利事業的經營而言,已經沒有實質意義。(2)網際網路發達,造成資料存取的便利性提高。(3)工作人口的差異性提高。(4)非營利事業必須「以客為尊」,提供他們所需要的產品與服務,以做好顧客關係管理。

7.3 資訊波衝擊下，經營者如何運用資訊科技以提高經營效能呢？請從五大方向加以探討。

答：（1）提高決策品質，（2）增進員工溝通，（3）訓練員工，（4）協助行銷人員，（5）招募員工。

7.4 資訊系統包含五種功能，請說明。

答：（1）收集資料，（2）儲存資料，（3）資料更新，（4）將資料轉為資訊，（5）將資訊提供給使用人。

7.5 內部資料的取得方式有五種，請說明。

答：（1）從經營者與員工方面取得，（2）可根據過去的會計資訊，（3）會議記錄，（4）促銷活動的經驗，（5）薪資給付水準。

7.6 外部資料的獲取來源有五種，請說明。

答：（1）顧客，（2）供應商，（3）銀行，（4）網際網路，（5）透過行銷研究方法。

7.7 收集資料的基本原則有三種，請說明。

答：（1）外部資料取得的成本可能很高，所以資料產生的效益必須要大於成本時，才有收集外部資料的必要。（2）員工將資料收集與儲存，並轉為資訊的過程中，可能因為人為失誤而造成資訊的不正確。（3）過時資料或不完整資料，可能無法使經營者改善決策品質。

7.8 資訊報告的內容分為四部份，請說明。

答：（1）主題介紹，（2）內容，（3）結論，（4）依據報告而產生的各項建議。

7.9 對高階經營者而言，提升決策品質的資訊系統有三種，請說明。

答：（1）人工智慧與專家系統，（2）高階主管系統，（3）決策支援系統。

7.10 非營利事業依功能面區分部屬的工作類型時，包含五種功能面的員工，請說明。

答：（1）人事，（2）財務，（3）行銷，（4）作業研究，（5）資訊。

7.11 非營利事業的各功能領域中，又可依員工職位之不同，區分成四種類型的經營者，請說明。

答：（1）高階經營者，（2）中階經營者，（3）知識工作者，（4）第一線經營者。

7.12 對中階經營者來說，提升決策品質的資訊系統有兩種，請說明。

答：（1）決策支援系統，（2）管理資訊系統。

7.13 何謂知識工作者？請說明。

答：知識工作者在組織的職位，介於中階經營者與第一線經營者間，其工作所需原料為知識與資訊。

7.14 知識工作者所需的兩種資訊系統為何？請說明。

答：（1）知識層級與辦公室系統，（2）知識工作者與辦公室應用系統。

7.15 第一線經營者在工作時所需的資訊系統為何？請說明。

答：交易處理流程系統。

7.16 知識層級與辦公室系統為協助知識工作者的資訊系統，請說明五種常見的知識層級與辦公室系統。

答：（1）文字處理系統，（2）排版系統，（3）文書影像系統，（4）電腦輔助設計系統，（5）電腦輔助製造系統。

7.17 資訊部門的員工類型有三種，請說明。

答：（1）系統分析師，（2）程式設計師，（3）系統作業員。

7.18 常見的整合型資訊系統有三種，請說明。

答：（1）企業資源規劃系統，（2）供應鏈管理系統，（3）顧客關係管理系統。

7.19 網路事業對非營利事業而言，具有五大優點，請說明。

答：（1）精簡組織架構，（2）彈性營運，（3）加強合作，（4）提高工作場所獨立性，（5）改善經營能力。

7.20 常見的電子資訊科技有三種類型，請說明。

答：（1）傳真機，（2）電子郵件，（3）電子會議。

第八章　作業管理

8.1 何謂作業管理？請說明。

答：非營利事業的經營者，透過有限的人力及物力投入，轉換成顧客需要的產出以滿足需求，這種轉換程序的設計、作業與控制，稱為作業管理。

8.2 **轉換程序包含三個部份**，請說明。

答：（1）投入，（2）轉換，（3）產出。

8.3、何謂價值鏈管理？請說明。

答：價值鏈代表事業體創造價值的每一個過程。進一步地來說，從原料、物料、人力開始，經過生產過程到成品的儲存與銷售、再到顧客手中的每一環節都屬於價值鏈，因為這些環節都會產生附加價值。

8.4 價值鏈與供應鏈管理的兩項基本差異為何？請說明。

答：（1）價值鏈管理為外部導向。代表事業體在滿足顧客需求的前提下，改善投入、轉換與產出的作業流程；相對地來說，供應鏈管理的思考方向，比較專注於作業流程的內部導向。（2）價值鏈管理是效能導向，而不是供應鏈管理所強調的效率導向。

8.5 經營者引進價值鏈管理方法時，必須從六個方向進行事業體的變革，請說明。

答：（1）有效領導，（2）工作程序重新設計，（3）人力資源管理的變革，（4）提升資訊技術，（5）增進員工的協調與合作，（6）建立互相支援的組織文化。

8.6 經營者採用價值鏈管理時，應從三大方向有效領導員工，請說明。

答：（1）應以事業體的願景與使命為出發點，站在目標顧客角度，界定產品與服務之價值。（2）確立產生價值的最佳方式後，釐清員工在價值鏈中的角色與工作，肯定員工在價值創造過程的各種努力。（3）以堅定而有承諾的領導方式，營造合適的組織氣候，使價值鏈管理的經營方式能夠持續進行。

8.7 價值鏈管理的過程中，經營者以事業體的核心競爭力為出發點，思考附加價值的所在之處，然後重新設計工作的執行方式。除了刪除不必要的活動外，更重要的注意事項有三點，請說明。

答：（1）應將顧客需求的預測準確性提高，使得顧客與事業體間能更為緊密地連結在一起。（2）透過工作輪調的方法，將員工在製造、批發與零售等部門間移轉，以提升員工之間的合作。（3）針對價值鏈中每一項附加價值的環節，訂定績效衡量指標，做為獎勵員工的依據，以確認事業體所提供的產品與服務，能夠滿足目標顧客需求。

8.8 作業規劃的過程有三階段，請說明。

答：（1）作業計畫的設計，（2）設施規劃，（3）營運計畫。

8.9 作業計畫在設計時，考量事業體提供給顧客的產品與服務，要從三方面加以考慮，請說明。

答：（1）產品線，（2）產能，（3）使用的技術。

8.10 決定非營利事業的設施地點時，需要考慮的因素有五項，請說明。

答：（1）土地取得成本，（2）設施建造花費，（3）目標顧客的居住地，（4）員工與志工來源，（5）當地民眾與政府的歡迎與協助程度。

8.11 設施規劃的過程中，除了考慮非營利事業的設施地點外，也需考慮設施建好後的三項工作，請說明這些工作。

答：（1）內部裝潢，（2）布置，（3）員工與志工的工作分派。

8.12 擬定非營利事業營運計畫的三項步驟為何？請說明。

答：（1）決定營運計畫的時間長度。（2）估計市場對產品與服務的需求，並將此需求與事業體的產能相比較。（3）調整事業體所提供的產品與服務，以滿足市場需求。

8.13 當市場需求高於非營利事業體的產能時，可採行的三項措施為何？請說明。

答：（1）員工加班，（2）增聘員工，（3）擴充設施。

8.14 當某種產品或服務的產能過剩時，可採行的兩項措施為何？請說明。

答：（1）將此部門的部份員工，調派至其他產能仍舊低於市場需求的部門。（2）解聘部份員工。

8.15 常見的作業排程方法有兩種，請說明。

答：（1）甘特圖，（2）計畫評核術。

8.16 何謂甘特圖？請說明。

答：甘特圖是以時間為橫軸，營運計畫中的各項活動為縱軸，所畫出來的長條平面圖。

8.17 何謂計畫評核術與要徑？請說明。

答：（1）計畫評核術以樹枝狀的方式，表達營運活動中各項活動的先後順序及彼此關係。（2）要徑代表計畫中花費時間最長的一系列活動，也

是決定計畫是否能如期完成的關鍵路徑。

8.18 良好控制系統包含七種特性，請說明。

答：（1）正確資訊，（2）時效性，（3）效益大於成本，（4）彈性，（5）易於瞭解，（6）適當的控制標準，（7）注重在關鍵的作業活動。

8.19 七種常見的控管類型為何？請說明。

答：（1）內部章程，（2）人事政策，（3）志工政策，（4）財務政策，（5）媒體政策，（6）品質保證，（7）防災政策。

8.20 非營利事業應在災難發生前，預先擬定應變措施的計畫。計畫中包含三個重要部份，請說明。

答：（1）災難發生時的通報方式，（2）救災指揮系統，（3）災難發生後的重建方式。